# 对本书的赞誉

一直渴望有人引领产品设计蓝图走出瀑布式开发的黑暗，将其塑造成战略
式沟通的工具。今天McCarthy和他的团队终于攻克了这一难题。

——Steve Blank，The Startup Owner's Manual的作者

主题驱动是目前管理产品设计蓝图唯一的可行之道。这本书
通过关注价值让产品设计蓝图再次发挥作用。

——David Cancel，Drift CEO

产品设计蓝图很重要。有了宏伟的战略才能创立一个伟大的公司，而产
品设计蓝图是清晰阐述公司战略的渠道。本书明确讲述了如何开发产品
设计蓝图中的核心部分、问题、价值主张，以及客户的关注领域。

——Jeffrey Bussgang，Flybridge Capital 总合伙人

产品设计蓝图架起了敏捷开发与公司战略之间的桥梁。我们团队中
每个人都要读这本书，我向所有产品领导人推荐这本书。

——Samuel Clemens，InsightSquared 产品管理副总裁

遵照本书中肯的建议，通过巧妙的产品设计蓝图，吸引客户关注你的产品战略。
我们无需空喊"请看看我们，我们能行"，而是告诉客户"我们明白你的困难，
我们可以帮助你"。产品设计蓝图将成为公司最具竞争力的战略优势。

——Jared Spool，UIE CEO兼创始人

产品设计蓝图是产品领导人用于推动战略最为关键的工具，却很难做好。本书广泛地总结了实用的建议和案列分析，可以帮助你提高水平。

——Vanessa Ferranto, The Grommet 产品总监

这本书非常棒，每页都记载了很多有用的信息。特别是第7章排列优先级，如果这章能再短点，我就把它纹到胳膊上。

——Tim Frick，Mightybytes CEO，Designing for Sustainability作者

本书清楚地阐述了为了正确地关联产品愿景和为实现此愿景需要解决的问题、产品设计蓝图应有的内容，更重要的是它还强调了不应有的内容。产品相关人员必须读此书，不仅如此，任何产品驱动的公司都应该读这本书，这样整个团队才能紧紧地围绕这个重要的工具。

——Ryan Frere, Flywire产品副总裁

这是第一本我全心全意地向选修产品设计蓝图科目的学生推荐的书。长久以来我们总是预先承诺未必能实现的功能，且只能靠口头沟通了解问题的解决状况。

——Melissa Perri, ProdUx Labs CEO，Product Institute创始人

我们一直误以为产品设计蓝图是预告项目的工具，而实际上它是预告产品愿景的工具。这本书澄清了产品设计蓝图的用途，需要分享愿景的产品领导一定要读这本书! 另外，产品设计蓝图是敏捷开发流程中最为关键的部分，它可以确保你在努力解决值得你去解决的问题!

——Lisa Long, Telenor 创新与产品管理副总裁

# 产品设计蓝图

C. Todd Lombardo, Bruce McCarthy, 著
Evan Ryan, Michael Connors

马晶慧 译

Beijing · Boston · Farnham · Sebastopol · Tokyo

O'Reilly Media, Inc. 授权中国电力出版社出版

中国电力出版社

**图书在版编目（CIP）数据**

产品设计蓝图 / (美)托德·隆巴多 (C.Todd Lombardo) 等著；马晶慧译. — 北京：中国电力出版社，2018.9
书名原文：Product Roadmaps Relaunched
ISBN 978-7-5198-2295-8
I. ①产… II. ①托… ②马… III. ①产品设计 IV. ①TB472
中国版本图书馆CIP数据核字(2018)第174223号
北京市版权局著作权合同登记 图字：01-2018-3073号

出版发行：中国电力出版社
地　　址：北京市东城区北京站西街19号（邮政编码100005）
网　　址：http://www.cepp.sgcc.com.cn
责任编辑：刘炽（liuchi1030@163.com）
责任校对：黄蓓 李楠
装帧设计：Michael Connors，张健
责任印制：杨晓东

印　　刷：北京盛通印刷股份有限公司
版　　次：2018年9月第一版
印　　次：2018年9月北京第一次印刷
开　　本：750毫米×980毫米 16开本
印　　张：16.25
字　　数：311千字
印　　数：0001—3000册
定　　价：88.00元

# O'Reilly Media, Inc.介绍

O'Reilly Media通过图书、杂志、在线服务、调查研究和会议等方式传播创新知识。自1978年开始，O'Reilly一直都是前沿发展的见证者和推动者。超级极客们正在开创着未来，而我们关注真正重要的技术趋势——通过放大那些"细微的信号"来刺激社会对新科技的应用。作为技术社区中活跃的参与者，O'Reilly的发展充满了对创新的倡导、创造和发扬光大。

O'Reilly为软件开发人员带来革命性的"动物书"；创建第一个商业网站（GNN）；组织了影响深远的开放源代码峰会，以至于开源软件运动以此命名；创立了Make杂志，从而成为DIY革命的主要先锋；公司一如既往地通过多种形式缔结信息与人的纽带。O'Reilly的会议和峰会集聚了众多超级极客和高瞻远瞩的商业领袖，共同描绘出开创新产业的革命性思想。作为技术人士获取信息的选择，O'Reilly现在还将先锋专家的知识传递给普通的计算机用户。无论是通过书籍出版，在线服务或者面授课程，每一项O'Reilly的产品都反映了公司不可动摇的理念——信息是激发创新的力量。

## 业界评论

"O'Reilly Radar博客有口皆碑。"
>  ——*Wired*

"O'Reilly凭借一系列（真希望当初我也想到了）非凡想法建立了数百万美元的业务。"
>  ——*Business 2.0*

"O'Reilly Conference是聚集关键思想领袖的绝对典范。"
>  ——*CRN*

"一本O'Reilly的书就代表一个有用、有前途、需要学习的主题。"
>  ——*Irish Times*

"Tim是位特立独行的商人，他不光放眼于最长远、最广阔的视野并且切实地按照Yogi Berra的建议去做了：'如果你在路上遇到岔路口，走小路（岔路）。'回顾过去Tim似乎每一次都选择了小路，而且有几次都是一闪即逝的机会，尽管大路也不错。"
>  ——*Linux Journal*

# 目录

# "现实是产品设计蓝图的天敌。"

这句话在产品管理圈流传了很多年，其中包含了很多错误的原因。

产品设计蓝图受到的抨击很多，经常被人指责为不现实的期限和盲目行军。因为往往还没动手写代码，就已经错失了市场良机，功能还没建立就已经过时了，产品设计蓝图该为此负主要责任。

我刚成为一名产品经理的时候，人们普遍认为产品设计蓝图是功能的愿望清单，上面还列出了上线和交付的日期，这个清单会越来越长，直到电子表格软件都无法处理。我的产品设计蓝图曾是一件工艺品，它是一张华丽的电子表格，可以很好地取悦老板，但是却吓跑了开发，而且每当季末我都感到非常沮丧，因为我不得不重新整理未能交付的内容，不厌其烦地更新这张产品设计蓝图。

我甚至整齐地打包了这张电子表格，放到网上让别人下载。当时还以为自己在帮助别人，但是其实这个表格只是提升了美感，是个极其不靠谱的产品设计蓝图的模板。

然而，类似的"工艺品"至今依旧比比皆是：试着在Google图片里搜索产品设计蓝图，你就明白我的意思了。

但是老式的产品设计蓝图不适合现代的软件开发，而现代的产品设计蓝图也不应该在现实中求生存。

与第一版的原型和最小可行产品（MVP）类似，初版的产品设计蓝图很可能会收到大量早期客户的反馈，但是随着你的理解加深，产品设计蓝图也应该更新和改编。

产品设计蓝图是战略的原型。

产品设计蓝图是达成一致愿景的关键，它是灵活多变的沟通帮手，是凝聚团队的法宝，像北极星一样指引着我们。

在本书中，Bruce、C. Todd、Evan和Michael终于纠正了这一观点。产品设计蓝图是强有力的沟通工具。

不仅对产品经理人和他们的直属团队有益，而且对整个公司和交流方式都有所帮助。

本书的各位作者从全世界以产品为中心的公司，挖掘出真正的最佳实践，并总结出一套创建和维护产品设计蓝图的方式，每个产品经理人都可以用其解放和武装自己，并借助产品设计蓝图之力摆脱束缚努力向前进。

这是第一本把产品设计蓝图当成领导工具的书，而非仅仅作为文档。

这本书出现得非常及时，作为全世界Mind the Product和the ProductTank活动的合作创始人，我学习了如何创建、交流，以及分享产品设计蓝图。

我曾一次又一次地目睹产品团队被过时的产品设计蓝图流程拖垮。

我花了大量的时间努力摆脱劣质的产品设计蓝图，而且我相信不只是我一个人。Marty Cagan曾经对我说："我见过的产品设计蓝图中，至少90%完全是没有作用。"

如今Bruce、C. Todd、Evan和Michael正在努力改变这一现状，而这本书在解决这个问题上取得了飞跃性的进展。我多么希望这本书能早几年出现，把我从产品设计蓝图的苦海中解救出来！或许当初我应该认真考虑，是否要把那个满怀善意却考虑欠佳的产品设计蓝图模板放到网上。

正如精简和敏捷开发为迭代与交付方式带来了巨大的变化，这张重建的产品设计蓝图也即将改变我们发现机遇、相互沟通，以及建立解决实际问题的产品的方法。

重建产品设计蓝图势在必行。让我们随着本书，迈进产品设计蓝图制作的新时代！

—— *Janna Bastow*,
ProdPad 合伙创始人/CEO, Mind the Product 创始人
Brighton, 英国

前言

# 亲爱的蓝图

# "为什么你要写一本关于产品设计蓝图的书？
# 还有人在做产品设计蓝图吗？"

**在**过去几个月里不断有人问我们这些问题。也有人对本书的创作有不同的反应："我们正在重做产品设计蓝图，现有的产品设计蓝图太难用了。你们的书什么时候出？我能偷偷看一下吗？"许多人认为产品设计蓝图已经过时，但是同时我们也看到越来越多的人报名参加我们开展的产品设计蓝图制作研讨会。

曾经，任何科技相关的工作都需要产品设计蓝图。产品设计蓝图负责沟通明确的交付和期限，通常它会给大家带来一种心理安慰，让大家误以为一切都在计划和掌控之中。

然而，在过去的十年内，产品设计蓝图变得有争议。人们寻求完美的产品设计蓝图流程，却常常以失望告终。实际上，有些人已经因为挫败而完全放弃了这个流程，同时又因为缺失战略纵观图而感到不安。

看看下面这些写给"亲爱的蓝图"的信件，产品经理人因为产品设计蓝图无法兑现自己的承诺，而决定与它们分手。

---

亲爱的蓝图：

我花了很多精力去建设我们的关系，但是感觉只有我在默默付出，却永远无法从你那里得到任何回报。

* 你总是过期。

* 我没办法包含所有的信息，而且做到美观易读。

* 你应该提供解决方案，而不是提需求和问题。

* 在利益关系人面前你永远不够好。

到此为止吧！

我要回到项目中去了！

亲爱的蓝图：

你欺骗了我……带我走上一条充满谎言
的道路：一路上我们共同描绘未来，共
同创建美好的想法，一起书写历史，但
是原来这一切的一切都是骗人的！

我给了你想要的一切：支持、鼓励、原
谅你的失败、甚至金钱，但是你却从来
不诚实……

亲爱的蓝图：

没人信任你……自始至终！在一次次地
参与过程中，作为沟通工具你有了很大
进步，但是利益关系人依然对你毫无
兴趣。大家只想要一个期限和功能的
列表。我们怎样才能改变大家对你的
看法？我相信有一天你可以变得很了不
起。

MENWIN

亲爱的蓝图：

我要离开你了，因为我无法信任你。你答应如果我跟你在一起，我会变得健康、富有、聪明。事实上，我变得肥胖、迟钝、不开心。

你描绘了一张光明的未来，但是我们永远无法实现。

爱你的，BOB

亲爱的Jonny蓝图：

我们分手吧。我们合不来，跟你说话太难了，交流总是很别扭，我永远不知道我们在哪儿。我的朋友们从来不认可你，我们也永远无法在重要问题和下一步上统一意见。

Hasta La Vista Jonny

这些人想要的是这样一份文档：

- 以公司的计划为战略、价值导向背景。
- 以市场和用户调查为基础，而不是猜测和个人看法。
- 让客户对产品充满期待。
- 公司紧紧围绕统一的一套工作优先级。
- 积极学习和改进，使之成为成功产品开发流程的一部分。
- 不需要预先设计和估算等无用流程。

也许传统的产品设计蓝图曾经很有用，当时目标很明确就是卖更多产品，变化的频率很慢，而且20世纪八九十年代的半导体工厂里摩尔定律营造了一种必然而又稳定的流程氛围。

但即便这是真的，情况也已经发生了变化。似乎高科技的项目很少能按计划进行。你曾有几次准时交付项目？延误期限、改变优先级、删减功能、业务模型变更、公司转型等。更糟的是，从整个行业来看，我们发现即便那些准确按照计划进行的项目，也很少能够交付产品设计蓝图上描绘的预期价值。

Drift的CEO和Hubspot的前任产品主管David Cancel在解释为什么他不再建立传统的产品设计蓝图时，很好地总结了这些教训：要么我给你6个月前我们认为最好的解决方案，在情况发生变化的时候让你失望；要么我中途调

整方向无法信守对你的承诺。

时过境迁，而产品设计蓝图没能跟上步伐，它们还没有适应精益和敏捷（甚至有人说后敏捷时代）团队的世界。但是愿景、方向，以及号召力的需求依旧存在，甚至很迫切，而这些正是好的产品设计蓝图所能够提供的。所以为了满足这些需求，我们需要重建产品设计蓝图。

幸运的是，新一代的产品经理人开发了一种新型的产品设计蓝图，其中集合了各行各业的方方面面，包括企业软件、电子元件、消费类应用程序、商业服务甚至还有医药。

我们把这些最佳实践组织成灵活的框架，为产品经理人提供一套强力的工具，以及一种全新的产品设计蓝图的规范。

Marty Cagan是《Inspired: How to Create Products Customers Love》（SVPG出版）一书的作者和Silicon Valley Product Group的创始人，他这样形容这种新型的规范："新的产品设计蓝图描述的是如何解决问题，而不是如何实现功能。传统的产品设计蓝图侧重于产出，但强大的团队知道产品设计蓝图不仅需要实现一个解决方案，而且必须保证这个解决方案能够解决潜在的问题，所以新的产品设计蓝图侧重于成果。"

好奇吗？

那就继续读下去，一起见证产品设计蓝图的重建吧！

# 本书面向的读者

这本书面向的是产品经理人。如果你不确定自己是不是，那么我们这里指的是负责开发、排列优先级、并为产品或服务的开发筹备支持的个人或团体。这一角色被誉为"迷你CEO"，但是我们认为这一称号有点夸大产品经理人的掌控水平。

我们更喜欢将其比作厨师长，这个人要将厨房里的工作人员、菜单和采购组织到一起，甚至要负责培训前台工作人员。所有工作的目的都是为了招揽客户，填饱他们的肚子，然后赚钱。为了给客户提供无缝体验，厨师长决不能只是简单地分配工作，他要让每个团队成员都必须明白他们在为谁服务，以及为什么要以规定的方式工作。

对于许多公司，尤其是高科技公司，这些责任隶属产品经理、产品总监，或产品负责人。然而，根据业务的性质和团队的结构，这些责任也许会划分给其他角色和职能机构，包括项目经理、开发经理、工程经理、技术组长、运营经理、程序经理、用户体验设计师、客户服务、品质保证等。现今快速发展的业务环境中，责任和头衔与我们从事的高科技一样变换非常频繁。

这本书面向每一位从事产品工作的人员，无论头衔是什么，只要你的工作包含制定产品战略、创造共同愿景或是开发执行计划，那么希望本书能够适合你，对你有所启发并提供有用信息。

另外，我们希望这本书对各个水平的产品经理人都有所帮助。无论你在产品方面是个新手、还是经验丰富的高手、或是负责一系列产品（或一队产品经理人）的高级领导，我们相信本书中描述的方法能够帮助你和你的团队更有效地沟通产品的方向。

也许在看到这本书之前你从未听说过产品设计蓝图，但是别担心，我们早就为你做好了准备！如果你对于产品开发完全陌生；或者对产品设计蓝图毫无概念，那么这本书可以带你入门。

也许你已经发现你们的产品设计蓝图的流程有缺陷。也许你以为产品设计蓝图实际上是个商业计划、市场计划或者项目计划。

认识到自己的产品设计蓝图流程有问题，是一个很好的开始，这意味着你可以重新开始。

# 如何使用这本书

产品设计蓝图不是目的地，它更像一次旅行，包含了一系列的行为，帮助你找出如何为客户交付最大的价值。下面列举了成功的产品设计蓝图的关键原则。你可能已经掌握了其中一部分，但每个公司、每个产品、每伙利益关系人都不同，所以我们会讨论如何根据你的需要和团队的准备情况搭配使用。

- 收集信息 (第3章)。

- 建立产品愿景与战略 (第4章)。

- 通过主题发现客户的需求 (第5章)。

- 深化产品设计蓝图 (第6章)。

- 用科学的方法排列优先级 (第7章)。

- 达成一致与认可 (第8章)。

- 展示与分享产品设计蓝图 (第9章)。

- 持续更新 (第10章)。

我们按照这些任务的顺序组织了本书的核心内容，然而我们的研究发现其实这些工作并没有"正确"的顺序。此外，第1章提出了制作产品设计蓝图的新方法，第2章介绍了产品设计蓝图的核心组成部分，而第11章总结了整个流程。

产品设计蓝图不是大多数产品经理人每天的工作，正如烹饪讲究时令性。所以，这本书就像你最喜爱的烹饪书一样，你可以把它当作参考手册放在手边，随时查阅前进道路上每一步的复杂性、可能性和陷阱。

# 我们是谁？

作为长期从事产品工作的经理人，我们花费了几十年的时间，探索产品设计蓝图并进行了各种尝试。我们从事过的每个公司在需求上都有细微的不同，而我们所采用的方法也各不相同。基于这些经验的反思，对比不同的方法，我们开发了这套通用框架，希望每个产品经理人都能从中获益。

## C. Todd Lombardo

C. Todd Lombardo经历了产品经理人可能犯的所有错误，他花费了七年多的时间在产品上，经历了各种的公司，从创始公司到大企业。通过对科学、设计和业务的学习，他不仅斩获了很多学位，而且他喜欢努力尝试结合这三大科目的方法。他是Boston-based Workbar的产品与体验的主管，Madrid IE Business School的副教授，还曾与人合著了第一本关于如何设计Sprint的书，叫做《Design Sprint》（O'Reilly出版）。

## Bruce McCarthy

作为一个年轻人，Bruce曾依靠LEGO生活。产品可能已印在了他的DNA中。他现在是Boston Product Management Association（BPMA）的主席，UpUp Labs 的CEO。

近几年来，Bruce常常在ProductCamps和其他世界范围内的会议上，与众人谈论产品设计蓝图和战略优先级。

他和他的团队帮助许多公司，从产品开发的投资中获取更多收益。他们共事过的公司有Vistaprint、Localytics、Zipcar、强生（Johnson & Johnson），以及华为（Huawei）等，为这些公司提供指导和培训，以及Awesomeness等大幅提升团队效率的工具。

## Evan Ryan

创造就是学习。对于Evan来说，创建产品和服务可以解决关键任务，让世界变得更加美好，但是同样重要的是学习和探索的机会。产品工作为他提供了非常好的机遇，用于满足他永不知足的好奇心。

Evan是一个经验丰富的产品领导和企业家，他帮助客户和企业把上百个产品从概念带向了市场。他专攻生态系统，抽取用户的视野，用于指导战略和驾驭创新。他创建的公司为各种各样的公司服务，从创业公司到非营利组织，到世界五百强企业，包括Apple，Deloitte，Chevron，Sonos，Stanford University等。

Evan通过组织谈话和研讨会，向别人传授自己的学识和经验，他还作为副教授讲授设计和创业。这是他在O'Reilly公司的第一本书，但他已经深深迷上了写作。

## Michael Connors

Michael的职业是数字和平面设计师。他是一名优秀的艺术家，拥有油画方面的美术硕士(MFA)学位。如今，他是Fresh Tilled Soil（一家位于波士顿的用户界面与体验设计公司）的创意总监，在公司他从事电子产品设计，为大品牌、创始公司，以及其他所有公司服务。他还是Madrid IE Business School副教授，并多年在其他高等教育机构担任副设计指导教师。他住在马萨诸塞州的北安普敦，一有时间他就坐在门前欣赏那里优美的风景。

# 致谢

C. Todd向所有我们为这本书采访过的产品团队表示感谢。Faye Boeckman和John Linnan，你们两个是我最初的产品导师，在我们一起工作后的几年里，你们的智慧一直指引着我；感谢Bruce和Evan答应与我一同走过此书的创作旅程；MC带来了超级棒的设计，并以专业的方法设计了内容的装帧；Mind the Product的优秀团队为我们联系了全球所有的产品经理人；Fresh Tilled Soil团队耐心的支持我和Evan撰写这本有关产品设计蓝图的书；我在Workbar的同事激励我创造了最好的产品。更要感谢O'Reilly团队的支持和帮助，谢谢你们帮助我们实现了这本书的出版，我非常荣幸有这次与你们一起出版本书的机会。

**Bruce**想感谢Anthony Accardi，他提醒我们关注产品设计蓝图上每一项的成因；Ben Foster清楚地说明了为什么统一意见与战略同等重要；Bill Allen描述了穿梭外交的理想实践经验；Bob Levy描述了客户对产品设计蓝图有怎样的积极影响；Jeff Bussgang说不相信产品设计蓝图的人都是傻子；Emily Tyson描述了产品设计蓝图中信心度的用法；Matt Peopsel明确有力地阐述了主题的正确使用方法；Steve Blank明确阐述了传统产品设计蓝图的弱点；Bryan Dunn的9小时创建产品设计蓝图的方法，以及如何利用产品设计蓝图对别人说"不"；David Cancel一直站在反对方；Frank Capria对于如何与客户及销售分享产品设计蓝图有着很好的见解；Alex Kohlhofer谨慎地对待近期偏差的方法论；Andrea Blades贡献出她的团队做实验；Gillian Daniel对我们的框架进行了大量验证；Janna Bastow强调了对外产品设计蓝图与内部产品设计蓝图的差异；Jim Kogler描述了客户反馈的组织流程；Jim Garretson强调买家和用户优先级的不同；John Mansour干净利落地描述了产品设计蓝图与发行计划的差异；Joseph Gracia描述了与利益关系人交谈的价值；Julia Austin提醒我们平衡战略方向和客户的反馈；Matt Morasky对小幅增量有想法；Michael Salerno带我们重回问题的陈述；Nate Archer阐述了如何把产品设计蓝图作为高效团队的紧急行为进行重组；Nils Davis描述了产品设计蓝图与底层隐藏细节的关系；Roger Cauvin解释了怎样利用产品设计蓝图让团队关注产品愿景；Rose Grabowski优雅地描述了如何将产品设计蓝图作为销售文档；Saeed Kahn揭露了怎样通过创建产品设计蓝图提高产品战略；Samuel Clemens把产品设计蓝图描述成自己的产品；Sarela Bliman-Cohen将主题连接到市场环节；Sherif Mansour解释了人物导向、目标导向，以及愿景导向产品设计蓝图的概念；Teresa Torres为机遇解决方案建立了优美的可视化图形；Torrance Robinson清晰地描述了怎样利用产品设计蓝图保持诚实；Vanessa Ferranto强调了问题与假设之间的不同。

感谢Bruce的同事和所有Boston Product Management Association（BPMA）的朋友，感谢他们忠实可靠的支持。感谢所有为本书提出过积极和有建设性反馈的审核人员。Bruce尤其要感谢Keith Hopper，感谢他坚持不懈和对细节的坦率。这本书远超乎你的想象。

Bruce还要感谢C.Todd，是我劝他入伙的，定被我拉来的；Andrew Shepard和Steve Robins也从旁怂恿他，还有他的女儿Amanda McCarthy，她是世界上最快也是最精准的文字编辑和引经据典高手；Sandra Ocasio耐心地安排和调整了成千上万的Skype访谈；Angela Rufino对待工作很有耐心，喜欢工作，从不放弃；他生命中的挚爱Christine Moran McCarthy对他的此项事业的理解。

Evan要感谢他的合著者们，感谢他们优雅而从容地忍受我无止境地搜寻答案，经常发起全新的深度探索（甚至是在筋疲力尽时）。感谢伟大的O'Reilly编辑团队和的顾问，感谢你们对创作本书的的鼓励，感谢你们无数次修订。感谢我认识的和不认识的产品领导，感谢你们一直以来的鼓励。我在本书的创作过程中收到了专家的支持和产品圈的同事的鼓励。感谢你们愿意接受采访，回答难题，为我们的工作提供了平台。感谢所有的朋友、家人、投资者、顾问和导师，你们在我的创业道路的每一步上都给予我支持，在此表示深深的感谢。没有你们的指导和慷慨，就没有今天的我，而这本书的创作也会成为遥不可及的目标。感谢FTS的同事们，感谢你们愿意做产品设计蓝图的小白鼠，感谢领导们排除困难支持这个项目。深深感谢我最好的朋友们，谢谢你们让我保持清醒。感谢我的家人——妈妈、爸爸、Casey和Kellie，感谢你们给予我自信和支持。最后感谢我的妻子Jenna，谢谢你的爱，谢谢你对我的深信不疑，谢谢你鼓励我奋斗。

**Michael**要在很多事情上谢谢他的合著者们，首先谢谢他们邀请我参与本书。他们不知疲倦地定义书中的核心概念和结构，他们乐于公开自由地分享和讨论观点，他们决意要创造实用的东西。感谢整个O'Reilly团队，特别是Mela-nie和Angela（明星成员）。感谢我的朋友、同事、合作伙伴、学生、顾问，以及项目团队中的客户（现在和以前项目中的客户），感谢你们帮助我成就了这个作品。感谢我的父母Bob和Ellie。感谢我的兄弟让我保持诚实和勇于挑战一切。感谢无数默默无闻的"蓝领"设计者、创意者和能工巧匠，他们创造了丰富的视觉、体验式的文化，我们所有人都能从中获益。

第1章

# 重建产品设计蓝图

本章中, 我们将学习:

概念定义, 包括:

- 产品。
- 客户。
- 利益关系人。

产品设计蓝图从何而来。

重建产品设计蓝图的必要性。

什么是产品设计蓝图?

# 1

重建产品
设计蓝图

# 如果方法得当，产品设计蓝图能够引领整个团队达成公司战略。

你的愿景是如何利用产品达成公司的战略目标。好的产品设计蓝图能够激励整个团队的认同并超额完成任务。

产品设计蓝图很容易被想象成详尽而又刻板的计划书，这也是大家常常感到沮丧的原因。对于许多采用精简和敏捷方式的团队来说，传统的产品设计蓝图不够灵活，并且缺乏战略背景，因此团队成员很难理解整个愿景。这就是为什么需要重建。

好的产品设计蓝图，是战略沟通工具，以及意图与方向的声明，却不会涉及太多项目计划。在本章中，我们将介绍一些重建产品设计蓝图的关键性要求，确保重建后的产品设计蓝图可以有效地指引你为客户和公司交付价值。准备好望远镜和指南针，我们出发。

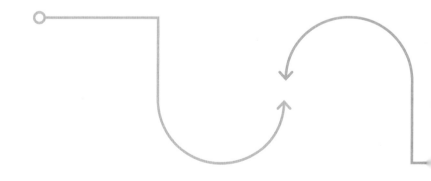

# 什么是产品设计蓝图？

在我们看来,产品设计蓝图应该描述实现产品愿景的方式。

产品设计蓝图关注的是你希望给客户和公司带来的价值，并借此获得利益关系人支持和共同努力。

听起来很简单。而简单恰恰是成功的关键。但是请记住，简单并不一定容易。如图1-1和图1-2所示。

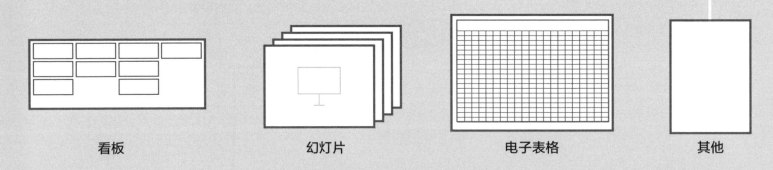

看板　　　　　　幻灯片　　　　　　电子表格　　　　　　其他

图1-1 产品设计蓝图有很多形式，且不一定是单个文档。实际上产品设计蓝图与创作的文档毫无关系，它的目的是让每个人明白前进的方向和理由

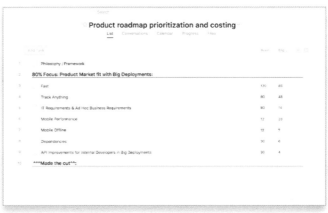
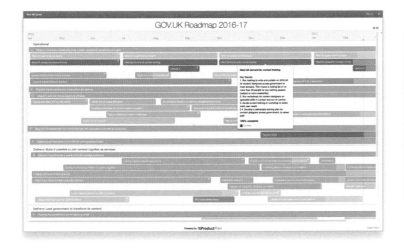

图1-2 不同形式、尺寸的产品设计蓝图示例，可以是单页也可以是多页文档

# 关键术语以及用法

## 产品

在详细定义产品设计蓝图前，让我们先来定义产品的含义。产品是给公司的客户带来价值的方式。通常我们认为产品就是制造品，比如智能手机或烤面包机，但广义的产品也包括服务，比如披萨外卖、Netflix订阅，甚至是百老汇歌舞剧表演的体验。简单来说，在本书中我们认为向客户交付的东西就是你的"产品"。

## 利益关系人

利益关系人泛指所有参与产品开发、市场、销售和服务的内部及外部人员和合作者。在内部，利益关系人包括销售、市场、用户体验、工程、科研、财务乃至人力资源等；外部则包括各大合作伙伴，例如供应商、技术提供商、商务合作伙伴、代理商或经纪人等。

## 客户

客户指的是产品提供的价值的接受方。这里的客户包含产品的买方和用户（我们将在第3章中讨论这两者的区别）。对于许多消费产品，买方和用户是同一个人。比如，我买了一杯咖啡，喝了它能帮助我保持清醒、提高注意力（而且我喜欢咖啡）。你买了一块表，每天早上戴着它可以提醒你守时。

但是，我也可以买一块表，然后作为礼物送给你，那么买方和用户的角色就分开了。这种分割在商业上很常见，比如IT部门的人选购的计算机、电话，以及其他设备和软件，给所有员工使用。除非在必要时我们会指出两者的区别，否则我们统一把买方和用户都称为"客户"。

需要注意的是，客户有可能不用自己付钱就能享受价值。有些产品是免费的，有些有广告赞助，比如Gmail和广播电视。而有些产品的创建和使用发生在同一个团队内部，比如公司的内部网，员工可以在上面获知福利条款和公司活动信息。

# 产品设计蓝图从何而来？

一切源自一辆自行车。19世纪90年代，自行车是城市里的重要交通形式，而最初创建路线图是为了告诉人们如何骑自行车从纽约市的一边到另一边。随着汽车的出现，城市间的旅行变得越来越普遍，一时兴起的团队如美国汽车协会（American Automible Association，AAA）开始为旅行者提供印刷的路线图。时至今日，我们依然在用Waze和GPS导航等电子地图，来指引目的地。

20世纪80年代，摩托罗拉开始使用术语"蓝图"（即路线图）来协调技术和产品开发。20世纪90年代，技术蓝图在半导体工厂得到广泛应用，并最终被许多高科技开发公司采用，如微软（Microsoft）、Google和Oracle等。当时创建蓝图的目的是，在重要的升级来临前通知利益关系人，以方便他们提前几个月制定购买计划。即便是现在，这对于生产成千上万电子设备的芯片的制造商依旧很重要，因为他们有很长的生产提前期。计划曾经是也将继续是这类商业的关键因素。

然而，科技的发展速度越来越快，再加上精简和敏捷开发带来了快速的产品发布周期、不断学习和数据驱动的产品决策，使得传统的产品设计蓝图变得笨拙臃肿。延误期限、技术过时、优先级转换、客户喜好的变化、竞争对手日益强大等……结果导致产品经理人频频发现自己要么食言，要么坚守几个月前制定的已与现实脱节的计划。

传统的产品设计蓝图与很多产品开发工作之间的不协调愈演愈烈，致使很多产品团队已经完全放弃了产品设计蓝图，或者产品设计蓝图的使用仅限于个别信得过的成员。

然而大家都对这种现状很不满。敏捷和精简开发方式无法弥补由于产品设计蓝图的缺失而造成的战略空缺。敏捷开发团队抱怨他们在未来几周的工作上花费了太多时间，以致于完全忘记了做这些工作的原因。

那么，我们来看看好的产品设计蓝图都需要什么。

# 重建立产品设计图的必要条件

在前言中提到我们接触过的产品经理都在苦苦从产品设计蓝图上寻找一些东西。

产品设计蓝图应当：

- 将团队的计划融入到公司战略中。

- 关注向客户和公司交付的价值。

- 积极学习与改进，并将其发展成产品开发流程的一部分。

- 在团队内建立一套统一的工作优先级。

- 让客户对产品充满期待。

同时,产品设计蓝图不应该:

- 承诺产品开发队伍无法确保交付的功能。

- 建立预先设计与估算的流程。

- 与项目计划或发行计划混为一谈 (我们再三强调这一点)。

接下来让我们仔细看看上面的每一条,看看它们试图解决的问题,以及如何重建能够解决这些问题的产品设计蓝图。同时我们还会列出每个问题相关的章节,引导你深入了解更多细节。

# ► 产品设计蓝图应当将团队的计划融入到公司战略中

## 问题：没人明白产品设计蓝图的起因

传统的产品设计蓝图过于关注交付，却忽略了重要的一点：为什么我们的团队要关注这些事项。产品管理人花了大量时间筛选市场数据和客户提供的信息；然后划分优先级、估算、设计、架构和计划日程，但是他们往往忘记了向参与执行的成员清楚地解释他们的想法。

这给产品开发团队内部带来了很多问题。由于缺乏对整体的理解，许多工程人员、设计师、和产品经理必须各自做决定，而这些决定没有被统一到一个共同的愿景里。这种愿景的缺失还会妨碍与其他部门的协调，比如市场、销售、财务，以及产品支持等。

人们往往忽略一点，产品设计蓝图是个非常重要的解释机会，你可以通过产品设计蓝图解释为什么做这个产品，为什么这个产品很重要，为什么产品设计蓝图上的内容对成功至关重要。

这个问题的症状包括：

- 产品拿不到融资，得不到展示机会，也得不到所需的市场支持。

- 许多人询问关于产品设计蓝图的细节（如功能、期限等）。

- 很多与愿景格格不入的新想法层出不穷（因为你没向大家解释愿景）。

"我们都陷入了新奇事物综合症。"

"没人知道我们的最终目标是什么。"

## 解决方法：将产品设计蓝图融入未来的愿景

"这是我们的愿景，它描述了我们的目的，以及我们需要努力为客户实现的内容，而这是蓝图，它将帮助我们逐步实现这个愿景。"

——Matt Poepsel，
The Predictive Index产品开开发副总裁

在深入团队工作细节前，花几分钟向大家解释下整体愿景。究竟为什么要做这个产品？这次成功对客户、公司乃至整个世界意味着什么？

如果公司有宗旨、愿景或目标，那么可以从公司存在的意义出发定义产品的愿景。

接下来，如果产品设计蓝图上的一切都支持愿景的话，那么做这个产品的原因就非常明显了。话题就从"为什么我们要做这个产品"变成了"决策A和B，哪个能帮助我们早点实现这个愿景"。Steve Blank是《The Startup Owner's Manual》一书的作者，他提醒我们从公司使命和战略意图出发，制定计划。"以Airbnb为例，他们的使命是，'我们要改变人们对短租房的看法。那么，我们的目标是什么？我们要发展到500万用户、1600万户出租房，怎样才能实现？我们需要开发一个软件。那么，我们需要哪些功能？'"

产品设计蓝图需要在公司愿景与详细的开发、发布以及运营计划之间充当粘合剂。

**我们会在第4章讲解更多关于创建产品愿景和衡量目标的细节。**

# 产品设计蓝图需要关注向客户和公司交付的价值

## 问题：你发布了很多东西，但是项目却没有进展

"很多人认为功能发布日程和产品设计蓝图是一个意思，你可能也经常听到这句话。事实上，在我遇到的很多软件项目中，产品设计蓝图都是功能与交付期限的图表。我认为产品设计蓝图是一系列的声明，用来表达你需要帮助客户实现什么目标，以及为什么这些目标对他们的成功很重要。"

——John Mansour,
Proficientz 管理合伙人

传统的产品设计蓝图更像是项目计划，其关注资源的有效使用，最大化产出，以及按时交付。然而，许多记载了大量细节的产品设计蓝图却完全忽略了一点，这些所有工作的预想结果是什么。

由于客户行为和经营成果，产品开发中会产生额外的工作量或发生变化，许多团队尝试记录这些实际的工作量，但产品设计蓝图上通常并没有这些。那么留给管理层去判断产品开发工作成功与否的标准，就只剩下是否按时交付了。但是如果你的产品没有遵循客户行为或经营成果，那么按照计划交付又有什么用呢？

这个问题的症状包括：

- 产品准时上线，但是对公司业务的KPI（Key Performance Indicators）没有任何改善。

- 实现的客户需求并不能增加客户的满意度。

- 功能符合要求却不能为客户解决问题。

"我看不到我们团队的工作与最终的成果之间有怎样的联系。"

"我从来没有真正跟客户进行过直接的交谈。"

## 解决方法：产品设计蓝图需要关注产品带来的价值

描述完需要实现的产品愿景之后，下一级的细节不应该是功能和交付期限的列表。即便是你十分确定这些细节，我们还是建议你从产品的价值出发，随着这些价值的建立产品愿景才能达成。

通常我们把客户高层次的需求、问题、或需要完成的工作，称为主题。借用下一章的例子来说，花园软管的最基本工作是把水从水龙头输送到花园。每个软管都能很好地完成这个工作，但是许多客户面临扭结、漏水等问题，妨碍了水的输送。那么花园软管的产品设计蓝图需要包含一个"结实耐用"的主题，以表达客户的的这项需求。

如此，对所有利益关系人，包括负责设计和生产的人员来说，下个版本的目标、或产品的功能就非常清楚了。Drift的CEO，David Cancel说，"我们需要尽可能多的把主动权交给工程和产品团队。当然我们有一些限制条件，在这些条条框框内他们可以决定产品要做成什么样，如何走向市场。"

关键是这些限制条件还为工作的完成与否提供了判别方法，而这个方法与最终交付是分离的。回到我们先前的例子，如果你可以生产和销售结实耐用的软管，并赚取一定利润，那么这项工作就算完成了。

产品驱动创业顾问Ben Foster认为，通过建立主题提供价值比简单地严守期限更为重要，"我认为期限应该保留一定灵活性。如果我不能肯定蓝图上的某个东西是否能按照特定的期限交付，那么我就不想做承诺。产品设计蓝图需要澄清计划，但是不应该提供可能误导别人的错误信息。"

**在第5章中，我们将深入挖掘什么是主题，以及为产品设计蓝图建立主题的方法。**

# 产品设计蓝图需要积极学习

## 问题：主管和客户要求我们做承诺

"我认为产品设计蓝图面临的最大的挑战是对产品的期望。有时销售人员对产品的期望过于激进，虽然这对他们拿下订单很有帮助，但我认为这是很典型的错误。一旦你做出了承诺，如果随着业务发展，情况发生改变，而承诺的产品不再给公司带来最大利益，那一切就完了。"

——Matt Poepsel,
The Predictive Index 产品开发副总裁

你可能会想，上面描述的高层次的主题和宽松的期限确实挺好，但是客户会说如果我们不保证在今年内完成这些功能，他们就不签合约，那怎么办？或者我们的CEO认为立军令状才能让他相信大家都在很努力的工作呢？

其实，正因为传统的产品设计蓝图想方设法预测未知的未来，这才会引发这样的谈话。如果我们只谈论价值，是不是会好很多？或者讨论目标，讨论为什么客户要求的这些功能很重要，以及什么问题促成了他们的想法和重视？

如果你很好地描述了试图交付的价值，那么关于如何交付的细节就没那么重要了。事实上，过于关注细节不仅会分散大家的注意力，还会妨碍最大价值的交付。过早承诺单一问题的解决方案，会束缚你的选择，抑制团队的创造力。

这个问题的症状有：

- 销售人员为了拿下项目会把承诺写进合同里。

- 客户在签字前会要求我们做承诺。

- 主管感觉严守期限是唯一保证项目的方法。

"我们有太多的数据，但是我们不知道怎么使用。"

"我们的流程支离破碎，但是没人去修复。"

"我不清楚别的团队或公司是如何制作产品设计蓝图的。"

## 解决方法：承诺成果而非产出

当客户、CEO或其他利益关系人问及某个特定的功能、设计或细节是否会成为解决方案的一部分的时候，先不要回答他的问题，有经验的产品经理人会反过来问："为什么？"为什么这个功能对你这么重要？这个期限有什么关系吗？聪明的产品经理会想法弄明白利益关系人想要解决的问题。这样会帮助他们更好地理解客户的需求，同时也能提高谈话的维度。

在理解了真正的目标后，产品经理人会问客户："如果我答应你尽最大努力解决这个问题，那我们可以达成合约吗？"或者，像Drift的David Cancel的建议，"我们不要预测未来，我会邀请你参加我们的项目。如果你是核心战略客户，那么在讨论与你有关的解决方案时，我们会邀请你参加设计评审，你可以反馈给我们需求的满足状况。"

客户和其他利益关系人之所以会提出这样的要求，是因为他们不知道如何通过其他方式影响产品的发展，而其中有些人真的需要严守期限或完成规格等硬性指标，例如做一份产品日程表或达到监管标准。但是如果你诚实地坦白你知道什么，不知道什么，建立好信任关系，那么在你需要改变产品设计蓝图的方向或调整优先级时，客户是会理解的。

UserVoice的产品总监Alex Kohlhofer说："客户有时的确会在合同中要求一些我们从来没做过的事情。但我们知道可能还有比这些要求更重要的事情。有时我们不答应客户的要求会导致丢单，但是我们还有很多客户，而我需要为所有人尽职尽责，而不只是其中一些。"

Matt Poepsel说："客户必须是个负责任的消费者，他不仅要理解产品设计蓝图的内容，也要弄明白很多蓝图之外的东西。不能要求产品设计蓝图精确地预测未来。产品设计蓝图不是承诺，也不是意愿。"

**我们将在第9章中描述如何及时更新产品设计蓝图，以及如何与大家交流更改内容。**

# 产品设计蓝图需要让团队紧紧地围绕统一的优先级

## 问题：市场和销售卖的和你做的不是一码事

"近几年来，人们逐渐意识到，只有团队完全统一意见，正确的战略才管用。如果市场说的是一码事，销售卖的又是另一码事，而工程建造的又是完全不同的东西，那么产品管理的战略就形同虚设了。产品设计蓝图必须让所有的利益关系人围绕一个共同的产品计划达成一致意见。"

——Ben Foster，
产品驱动创业顾问

Foster重申了产品愿景在产品设计蓝图中的核心角色，以及向客户和团队解释蓝图上每个组成部分所能带来的价值有多重要。

但是即使所有的工作都做好了，你也得面临下一个面临的挑战——设定优先级。事实证明，好的创意很多很多，无论再大的团队也无法一次性全部做完，所以必须做出选择。

统一优先级顺序可不简单，但这对项目的执行至关重要。

如果团队没能在产品设计蓝图上统一意见，那么就有可能错失市场商机，因为通常市场和销售需要几个月的时间去掌握产品团队开发的产品。在一些公司里，由于市场和销售从来没有机会参与优先级的排序，导致产品的表现不佳。

这个问题的症状包括：

- 市场部不知道如何向市场介绍产品。

- 销售部总是在卖去年的产品。

- 你收到许多关于产品设计蓝图的好点子，却没有一个能实现。

"其他的产品队伍都在干什么？"

"我们一次又一次地在产品设计蓝图上看到同一个东西。"

## 解决方法：建立统一的共同目标和优先级

Rapid7的CMO，Carol Meyers说，"有时候你需要跟销售部门商量，'我们有个新产品想进入市场。你有什么好办法吗？我们现有的销售人员可以吗？还是我们需要专业的销售代表？怎样才能培训好每个人，让他们明白客户的问题和我们准备引入市场的解决方案？'"

我们发现团结这些人的最好办法是让他们参与相关的决策。这就需要在相关部分的产品设计蓝图确定前，提前与他们分享你的想法，并得到他们的反馈。NaviHealth的产品副总裁Emily Tyson说："每个产品经理人实际上都有一群跨部门代表组成的利益关系人顾问团，你需要与他们协同工作并收集信息，比如销售重视的是什么？临床研究小组重视的又是什么？安全方面对产品设计蓝图有什么要求？产品团队的责任就是收集所有不同的信息。"

**第7章详细介绍了根据指导原则设定优先级的技巧。**

**第8章将详细介绍如何获得利益关系人的认可并统一意见。**

# ► 产品设计蓝图需要让客户对产品充满期待

## 问题：客户对你的新功能没兴趣

"产品团队怎么知道要做什么？许多产品之所以没有成功，是因为他们的团队没有做足问题调研和客户检验。这些步骤是产品团队必需的部分。"

——Jim Semick，
ProductPlan的创始人

严守目标期限和按计划发行功能并不能保证市场的认可或业务的成功。充分的实验可以帮助建立所需的产品以及度量标准，你需要用这个标准在制造和发货之前度量产品。产品设计蓝图被称作战略的原型，让客户审核产品设计蓝图的目的是让他们提供反馈给你，并让他们接纳你的方向。

很多产品经理人很害怕与客户分享产品设计蓝图。他们担心如果将来事情有变（而且这种变化是不可避免的），那么他们说过的话会反过来牵制他们。VT MAK的产品副总裁Jim Kogler认为分享产品设计蓝图的好处在于："把产品设计蓝图当成与客户进行有效沟通的润滑剂。"经验丰富的产品经理人虽然在这点上持有不尽相同的观点，但是尽早与客户分享产品设计蓝图的好处远远大过风险。其中的技巧就是要正确地掌控话题。

这个问题的症状有包括：

- 我们辛辛苦苦创建了新功能，客户却不用。

- 销售完全不重视，甚至否认产品的改进和提升。

- 客户拿着去年的产品设计蓝图，当面质问你为什么说话不算数（想想就怕）。

"我们拒绝透漏新消息给客户。"

"开发新产品前我们没有检验需求。"

## 解决方法：利用产品设计蓝图与客户一起核实你的方向

"产品设计蓝图是双向的交流工具。客户看了产品设计蓝图以及展示的东西后，我们可以一起讨论业务难点和优先级。他们告诉我，'太好了，这能解决我的问题。'"

——Michael Salerno，
Brainshark的产品副总裁

对产品经理人来说，在真正开始建立产品前，与客户一起探讨产品设计蓝图的过程是一次检验对市场需求的理解的机会。如果你做好了发现客户需求阶段的工作，那么产品设计蓝图（用Steve Blank的话说）无外乎就是"确认对这些需求的相互理解"。同时这也是一个检查可能出现的理解偏差的好机会，而且更重要的是你还有机会调整方向（产品一旦做出来就很难了）。

但是如何应对食言的问题呢？Virtual Cove的CEO，Bob Levy提前跟客户说明了产品设计蓝图的变更是不可避免的。他跟客户说，"这就是我们一开始就要互相商量的原因。我们根据从别人和你那里收集到的信息做出了这样的决定。你有权影响蓝图，别人也一样，所以最终的成品肯定不一样。所以如果客户认为产品设计蓝图是一成不变的，那么他们肯定会很失望。"

**第8章将介绍如何与客户和其他利益关系人分享产品设计蓝图，以及如何向这些人展示蓝图才能赢得他们的认可。**

# 产品设计蓝图不应该承诺团队无法无法交付的东西

## 问题：客户和利益关系人希望你的产品按照承诺的时间发行。

在当前快节奏和频繁变化的世界里，对确定性和可预测性的渴望是一种自然本能。过去产品设计蓝图经常被当作甘特图，记载了具体的日期和承诺的功能。然而我们生活在敏捷，甚至后敏捷时代，这类承诺和期限往往无法保证，让客户和利益关系人很失望。

这个问题的症状包括：

- 产设计蓝图上列出的功能和期限往往无法实现。

- 产品发行的前几周或几天，产品团队还在争分夺秒地工作。

## 解决方法：优先级对承诺的交付很关键

产品设计蓝图是战略性的文档，应当对团队的工作提供指导。如果你的团队总是无法完成任务，那可能是优先级或估算的问题，团队成员没能准确地估算在固定的期间内他们能完成多少工作量。Carol Meyers重申这一点："我们很难估算需要多少时间来完成一项具体的工作，我觉得这往往会造成公司内组与组之间的矛盾，一个说'你说你能做完的。'另一个说'我们发现实际工作比我们想象中难。'"

在团队建造新事物的时候，无论他们的水平如何，准确地预估所需的时间是一个很大的挑战。但是准确的优先级能帮助团队集中精力，最大程度有效利用他们的时间。

"我们承诺得太多，实现得太少"。

"感觉我们经常在赶进度。"

# 产品设计蓝图不需要在预先的设计和估算上浪费时间

问题: 花费时间估算设计和开发的工时,不如把时间用在实现上。

这个问题的症状包括:

- 产品设计蓝图上罗列了一堆功能,需要划分大小或估算设计以及开发的工时。

- 产品发行前的几周或几天,产品团队还在争分夺秒地工作。

解决方法: 让团队自行决定解决方案,让他们自己解决问题

我们意识到一些团队需要清晰的定义产品规格和交付期限,但产品设计蓝图是战略指导文档。项目计划或发行计划更适合提供具体的期限。

"工程团队最恨预估工时。"

"我们浪费太多时间争论怎样解决问题了。"

# 产品设计蓝图不应该与发行计划或项目计划混为一谈

**问题**：团队成员把产品设计蓝图看作项目计划，上面记载了功能何时发布。

产品设计蓝图是战略性文档，而发行计划才是执行策略的文档。

这个问题的症状包括：

- 发行计划看起来像注明了具体交付日期的甘特图。

- 产品设计蓝图包含了一堆功能和交付期限。

**解决方法**：承诺成果而非产出

你可能注意到这个解决方法与之前的问题是一样的。我们发现没有经验的产品经理人会果断采用我们的解决方法。毕竟我们从小就喜欢寻找"答案"。这是我们的自然本能，我们想要答案，我们想解决问题。可是我们不能只说解决方法（产出），应当去体验下有经验的产品经理人的做法，他们往往关注的是问题本身（成果）。进一步说，聪明的产品经理人会问客户寻求的结果是什么，然后朝这个目标努力。

"我尽可能保持我的产品设计蓝图处理高层需求，但是销售总是要求具体日期。"

"我不知道我的蓝图应该具体到什么程度。"

"敏捷开发模式应该如何使用蓝图？"

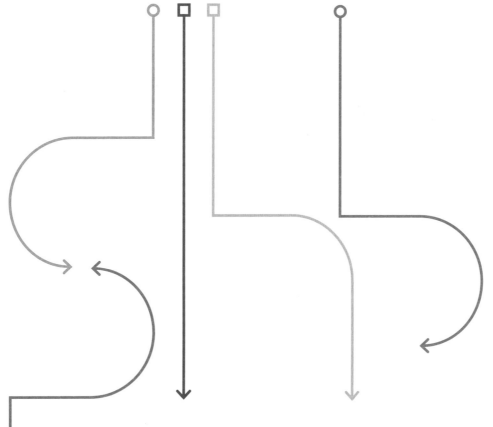

# 产品设计蓝图不是项目计划（见图1-3）。

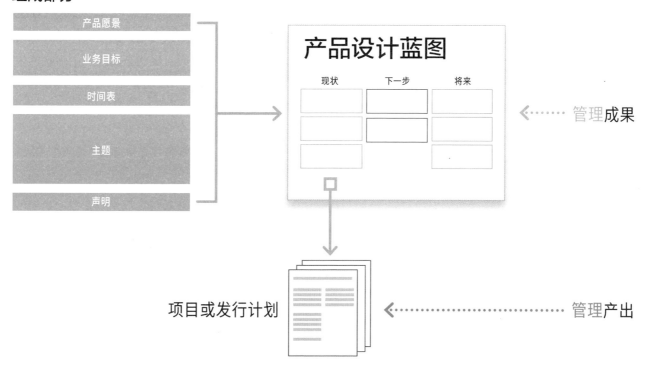

图1-3 产品设计蓝图以需要实现的愿景为起点,带领你一路走走停停,最终到达目的地

# 小结

如果处理得当，产品设计蓝图能够带领整个团队达成公司的战略。但是，好的产品设计蓝图并不是项目计划，而是战略沟通的工具，以及意图和方向的陈述。

许多产品经理人在产品设计蓝图的使用上都有徒劳无功的痛苦经历。快速的变更；缺乏清晰的愿景、目标和内部统一的意见；过于关注功能和具体期限等原因，致使他们的辛苦劳动成果很快被淘汰，他们不禁问为什么还要在产品设计蓝图上浪费时间。

本章中，我们介绍了精简和敏捷时代重建产品设计蓝图的必要条件，其中包括提供战略环境、关注价值、积极学习、在团队中统一意见，以及赢得客户的认可。不能空头许诺，不要花费过多时间在前期计划上，不要将产品设计蓝图与其他细节的文档混为一谈，如发行计划和项目计划。

这一壮举可行吗？是的，我们亲眼目睹世界上数以百计的团队做到了。

你首先需要建立指导方针（包括产品愿景必须与公司愿景和目标相互联系，从而帮助评测你的进度）；其次需要关注成果，而非具体功能和期限；接下来为实现你的目标，根据投资回报（return on investment，ROI）排列优先级；然后利用从利益关系人那里收集到的信息统一看法；接着为将来的变化做好计划，并进行清楚的沟通，最后设定清晰的方向，同时积极面对现代产品开发中固有的未定因素。

在此基础上，让我们来看看一个好的产品设计蓝图都有哪些部分，以及这些部分将怎样帮助你做出好的产品。

第2章

# 产品设计蓝图的组成

本章中,我们将学习:

产品设计蓝图的实例

产品设计蓝图的主要组成部分

- 产品愿景。
- 业务目标。
- 主题。
- 时间表。
- 声明。

次要组成部分,用于解决利益关系人的顾虑

- 功能与解决方案。
- 自信度。
- 开发阶段。
- 目标客户。
- 产品区域。

补充信息,为产品设计蓝图提供背景介绍

- 项目信息。
- 平台考量。
- 财务背景。
- 外部驱动因素。

2

产品设计
蓝图的组成

# 产品设计蓝图能够有效组织团队计划,而不仅仅是功能与期限的列表。

产品设计蓝图需要告诉大家产品的愿景、达成愿景的方法,以及如何衡量进度。

**许**多产品经理人以为产品设计蓝图只是记载了日期和功能的图表,事实上蓝图远不止如此,它能有效组织团队计划,告诉大家产品的愿景、达成愿景的方法,以及如何衡量进度。

每个产品设计蓝图都不同,你的蓝图取决于你的汇报内容和对象。没有现成的产品设计蓝图模板可供你直接使用,也没有一个标准化的产品设计蓝图适合所有的公司。

本章中,我们以花园软管作为简单的假设例子,向你介绍产品设计蓝图的主要组成部分。

另外,我们还会介绍和演示次要组成部分。这些次要组成部分并不是必需的,但是它们可以让蓝图更有深度,并帮

助解决比如开发团队、销售和市场团队,以及执行团队等利益关系人的顾虑。

最后,还有几类相关的信息作为产品设计蓝图的补充资料。这些资料不是正式蓝图的一部分,但是能够提供有利的背景介绍,帮忙描述产品设计蓝图与利益关系人顾虑之间的联系。

在下面的章节里,我们将深入探讨每个组成部分。首先让我们大致预览一下各个组成部分,看看它们是怎样组合在一起建立紧密相关的产品设计蓝图的。

# 主要
# 组成部分

有效的产品设计蓝图必须包含这些组成部分。这一小节可以作为检查列表,确保你没有错过任何一个关键因素(见图2-1)。

图2-1 产品设计蓝图的主要组成部分

产品愿景
业务目标
时间表
主题
声明

 产品愿景

## 产品愿景是指导方针

公司通常都有指导方针,作为前进的指路明灯,有时被称作使命、愿景或目标。我们认为,产品愿景需要具体描述如果产品成功实现并获得广泛市场的话,客户能从中获得的收益。

**我们将在第4章详细解释产品愿景等指导原则,并给出真实的案例。**

 业务目标

## 业务目标可以帮助你衡量进度

产品要达成什么目标?产出是什么?公司度量的内容有何不同?这些问题可以有效地帮助你以具体的条例解释产品设计蓝图的建立原因,吸引利益关系人的兴趣,从而获取你所需的资源。

Localytics的产品副总裁Bryan Dunn说,有了目标,大家就可以自由地提问,"要实现这些业务目标,我们需要怎样的产品?"

**第4章将在这个话题上进入深入讨论,并提供为主要业务目标服务的产品设计蓝图示例。**

**时间表**

**主题**

**声明**

## 粗略的时间表可以避免过度承诺

如果关注日期，把它作为成功的主要度量，那么大家就不会再关注迭代与充满可能性的创新过程，而这个创新过程对新产品的开发至关重要。粗略的时间表，比如季度表或者仅显示现状、近期和将来的时间表能够在提供指导的同时保留灵活性。不管在什么情况下，这个顺序都可以表达哪些优先，而哪些可以放到后期。

第9章中，我们将讨论什么时候可以加入外部活动及承诺的具体日期，但我们不建议你将具体交付日期写到产品设计蓝图的主题和解决方案中。

## 主题关注成果，而非产出

"为实现产品的愿景，达成业务目标，我们真正需要完成什么？"我们发现这个问题的答案是组织团队工作和产出的最佳方式。主题传达了客户的需求或问题，特别是在引导解决方案（功能等）的开发时十分有效。

第5章我们将讨论怎样建立主题和副主题，并提供真实的主题驱动产品设计蓝图的案例。

## 免责声明可以保护你（和你的客户）

很多产品设计蓝图包含一些警告，明确告诉大家产品经理人有权随时变更蓝图上的内容。这可以在无法履行承诺时保护你，同时也让客户明白变更是不可避免的。

大型上市公司的免责声明往往更加精细。芯片制造巨头英特尔发布的产品设计蓝图上，记载了令人吃惊的小细节，但是作为一个上市公司，他们仍然在产品设计蓝图的序言中加入了一个很显眼的免责声明。所以请向你的财务部门或法律部门咨询相关的公司政策。

# 与袋熊花园软管公司的会面

WOMBAT

我们将使用这个虚构的公司来解释怎样使用各个组成部分建立简单的产品设计蓝图。*

\* 再次重申，这是一个非常简单的产品设计蓝图，仅用于演示蓝图的组成。这不是一个产品设计蓝图的模板。产品设计蓝图的形式很多，并需要高度定制，告诉团队需要实现的愿景、实现的方法，以及如何掌握进度。

**我**们曾在本章开头提到，没有任何一种产品设计蓝图的格式能够满足处于各个不同发展阶段的所有的产品和公司。然而，我们认为有必要向你展示这些组成部分，看看它们如何凝聚在一起体现产品的价值。为此我们创建了袋熊花园软管公司。

假设你在袋熊花园软管公司工作，现在要求你为美国的富人创造一种新产品。你从哪里开始？

在我们开始介绍袋熊产品设计蓝图的创作思路之前，先花几分钟的时间来回顾一下如何在产品设计蓝图上表现各主要组成部分。

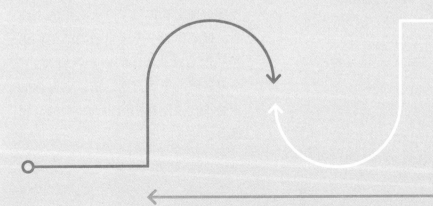

**产品愿景**

袋熊花园软管这个产品是为了帮助消费者追求渴望已久的完美庭院风景。右图中的产品愿景直接反映了这一需求，为之后的一切奠定了基本构想。

**时间表**

袋熊花园软管的产品设计蓝图提供了跨度为半年和全年的时间表，以确保团队有自主权去探索解决客户问题的最佳方案。

**主题**

产品设计蓝图的中心部分由时间表内的主题组成，列出了客户在灌溉庭院时所面临的核心问题。

袋熊花园软管

WOMBAT

**产品愿景**
**通过完美的灌溉塑造完美的草坪和庭院景观**

| 17年上半年 | 17年下半年 | 2018年 | 将来 |
|---|---|---|---|
| 结实耐用的软管<br>目标：<br>• 增加销量<br>• 降低退货<br>• 降低整体瑕疵 | 精美的园艺管理<br>目标：<br>• 平均售价翻番 | 促进草坪均匀生长 | 无限的延展性 |
| | 应对恶劣天气<br>目标：<br>• NE扩张 | 扩大覆盖面积 | 肥料输送 |

更新至2017年3月30日，保留不经通知更改以上内容的权列。

**业务目标**

每个袋熊花园软管的主题都有一个或多个目标，从解决客户问题的角度衡量业务的提高程度。

**免责声明**

对于产品设计蓝图有限的阅读者，在时间表底部简单地记载产品设计蓝图的更新日期以及对蓝图的修改权就足够了。

图2-2 袋熊花园软管产品设计蓝图的主要组成

# 建立袋熊公司的产品设计蓝图

我们从公司的愿景出发，这是我们开发产品的根本依据，为一切奠定基础（见图2-2）。

现在我们了解到公司的客户群是美国人，目标是打造完美的庭院景观，你要负责研究实现这个愿景的关键因素（见图2-3）。

获悉调查显示63%的美国人面临灌溉不足的问题……因此产品愿景已经呼之欲出了（见图2-4）。

图2-3 袋熊花园软管公司的愿景

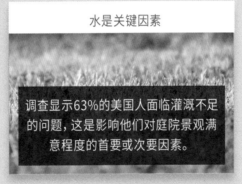

图2-4 达成公司愿景的关键因素

图2-5 袋熊花园软管的产品愿景

与潜在客户合作，发掘客户面临的最重要问题，以实现完美灌溉庭院的目标（见图2-5）。

根据这些问题很容易建立引导开发工作的一组主题，从而组成产品设计蓝图的骨架（见图2-6）。

请注意，我们将确认的首要问题（软管扭结、裂口、和漏水）落实到产品设计蓝图中，成为第一个主题（结实耐用）。后续的次级主题则反映了次要问题。

这些主题依次进入粗略的时间表内，前两栏是两个半年期，然后2018年占据了一栏，最后一栏简单地用 “将来”表示（见图2-7）。

细节可以为每个主题润色。请注意只有第一个主题记载了需要交付功能的细节。认真选择图表、样图、演示图或其他方法来展示计划的产品，并借此具体形象地描述你的想法（见图2-8）。

灌溉问题

- 软管扭结、裂口、漏水。
- 软管对精美的园艺有所损伤。
- 软管会在恶劣天气下爆裂。
- 灌溉不均匀。
- 灌溉距离有限。
- 施肥又脏又烦琐。

图2-6 客户面临的最重要问题

完美灌溉

| 2017年上半年 | 2017年下半年 | 2018年 | 将来 |
|---|---|---|---|
| 结实耐用的软管<br>目标：<br>• 增加销量<br>• 降低退货<br>• 降低整体瑕疵 | 精美的园艺管理<br>目标：<br>• 平均售价翻番 | 促进草坪均匀生长 | 无限的延展性 |
| | 应对恶劣天气<br>目标：<br>• NE扩张 | 扩大覆盖面积 | 肥料输送 |

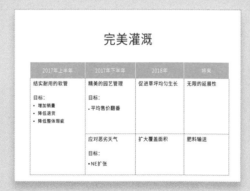

图2-7 袋熊产品设计蓝图的主题

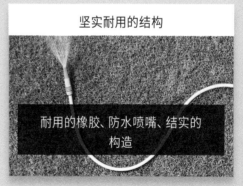

图2-8 通过添加细节和样图使主题更生动

# 次要组成部分

这些组成部分是可选的,但是它们能够从重要的方面强化产品设计蓝图,吸引特定的利益关系人。但是这些额外的信息每个都包含潜在的风险(见图2-9)。

图2-9 次要组成部分通常与某个主题息息相关,但是可以加在产品设计蓝图的任意位置

## 功能与解决方案表明交付主题的方式

功能和解决方案是具体的可交付成果,需要满足产品设计蓝图中主题的需求,以及解决指定的问题。这些细节包括需要交付的新功能、性能、数量、增强、更新和优化等。根据利益关系人的期望,细节内容可能很少,也可能包含产品规格、架构图、流程图、设计图甚至原型等具体内容。

第6章我们将讲述如何在产品设计蓝图中选择适当的细节,并关联到相应的主题。

## 开发阶段

在产品设计蓝图上看到"发现需求"、"设计"或"建模"等标签时，利益关系人就会明白产品还处于早期开发阶段。他们可以在草图、布局、素材选择，以及其他设计信息最终定稿之前提供修改意见。相应地，标签"准产品"或"beta"则表明产品已成型，可以做演示，而且可能很快就可以发布了。

第6章提供了更多真实产品设计蓝图开发阶段信息的例子和更多深入探索产品设计蓝图的信息，以及各个概念的实例。

请参见第9章，了解如何针对不同的利益关系人，展示与分享产品设计蓝图中不同的组成部分。

## 自信度

在产品设计蓝图上加入自信度，可以表明你有多少把握能在下次发布时实现每个主题或工作项。自信度可以避免大家误解所有产品设计蓝图上的东西统统都是承诺。

## 目标客户

如果你的产品不仅服务一类客户，那么可以在产品设计蓝图上把他们一一列出来。

## 产品区域

对于大型复杂的产品，或者许多基本功能尚在讨论中的新产品，最好在产品设计蓝图上标注主题或功能的产品区域。每个产品区域都有自己的业务目标。

# 添加次要组成部分到产品设计蓝图

我们添加了一些次要组成部分去丰富袋熊公司的产品设计蓝图,并为其提供背景介绍。在这个例子中我们没有加入所有的次要组成。我们认为在实践中你最好只选择利益关系人所必需的关键信息,切莫再多(见图2-10)。请参见第6章了解何时使用各个次要组成部分。

**1** 功能与解决方案

产品经理一般都不会草率地与客户分享这么详细的信息。袋熊花园软管的产品设计蓝图中只列出了坚实耐用这个主题的具体功能,因为此处的产品即将完成。后续主题尚处于开发的早期阶段,不可妄下结论,所以主题中列出的问题才是重点。

**2** 开发阶段

对于销售、市场、客户支持和合作伙伴等利益关系人来说,产品到开发后期阶段才相对比较"真实"。根据我们虚构的产品设计蓝图,坚实耐用的花园软管已进入准产品阶段,所以这些利益关系人可以开始准备市场、销售、配货和支持等工作了。

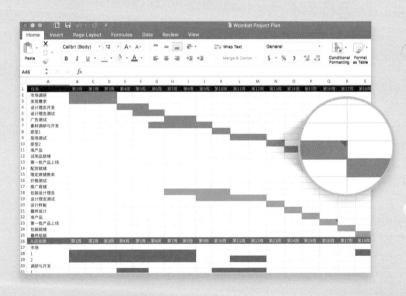

图2-10 袋熊项目的内部计划,包括大量准确的时间和人员安排的详细信息。大多数产品设计蓝图的利益关系人会觉得这个详细程度过高,缺乏重点

## ③ 自信度

我们没有在袋熊公司的产品设计蓝图中加入自信度百分比。我们觉得到2018年为止各主题下方列出的开发阶段信息（以及2019年缺乏具体信息），配合时间表的使用，已经有效地表明了各工作项的不确定性，有待进一步落实。自信度百分比在此略显多余。

## ④ 目标客户

袋熊公司的产品设计蓝图通过公司愿景和问题的陈述，表明了最初产品的对象是美国消费者。然而将来的无限延展性和肥料输送主题瞄准的是专业的庭院设计师市场，因此要标识出新的目标市场。

### 袋熊花园软管

**产品愿景**
**通过完美地灌溉塑造完美的草坪和庭院景观**

| 2017年上半年 | 2017年下半年 | 2018年 | 将来 |
|---|---|---|---|
| 结实耐用的软管<br>目标：<br>• 增加销量<br>• 降低退货<br>• 降低整体瑕疵 | 精美的园艺管理<br>目标：<br>• 平均售价翻番<br>阶段：原型 | 促进草坪均匀生长<br>阶段：发现需求 | 无限的延展性<br>专业市场 |
| 功能：<br>• 长度：20尺、40尺<br>• 无漏水接口<br>• 无扭结外层<br>阶段：准产品 | 应对恶劣天气<br>目标：<br>• NE扩张<br>阶段：材料测试 | 扩大覆盖面积<br>阶段：发现需求 | 肥料输送<br>专业市场 |

更新至2017年3月30日，保留不经通知更改以上内容的权利。

## ⑤ 产品区域

袋熊项目的所有主题都是由一个团队开发的，没有分割产品组成部分或产品区域。所以这个产品设计蓝图不需要指明产品区域，也能清晰地呈现给利益关系人（见图2-11）。

图2-11 添加了一些次要组成部分的袋熊产品设计蓝图

# 补充信息

这些额外的信息其实不属于产品设计蓝图，但是，利益关系人希望你了解这些信息，并和他们进行讨论，比如外部的期限会对产品设计蓝图造成怎样的影响。下面的表格可以帮你考虑在一些情况下，与核心利益关系人合作并展示产品设计蓝图时，提供一些背景信息是否会更有帮助（见表2-1）。

**我们将在第9章介绍如何分享与展示产品设计蓝图时，深入讨论这个概念。**

表2-1
补充信息可以为产品设计蓝图增添色彩和背景介绍

| | 分类 | 信息类型 | 利益关系人 |
|---|---|---|---|
| 1 | 项目信息 | 日程，人员安排，状态，依赖性，风险 | 开发团队，高管层 |
| 2 | 平台考量 | 可扩展性要求，基础设施要求，技术平台 | 开发团队 |
| 3 | 财务信息 | 市场机遇，损益 | 高管层，投资者，董事会 |
| 4 | 外部力量 | 监管变更，竞争，活动（学术会议或贸易展览等） | 市场，销售，合作渠道，法律，法规 |

项目信息

由于坚实耐用软管的工作已经进入准产品阶段，人们自然会问起项目执行相关的问题。

产品设计蓝图上没有完整的产品日程，但是简单地提及首要风险可以发起与内部利益关系人的谈话，或许他们可以帮忙规避这个风险。

其他的补充信息可以等到与相关的利益关系人进行具有针对性的谈话时，再添加进去（见图2-12）。

袋熊花园软管

### 产品愿景
### 通过完美地灌溉塑造完美的草坪和庭院景观

| 2017年上半年 | 2017年下半年 | 2018 | 将来 |
| --- | --- | --- | --- |
| 结实耐用的软管<br><br>目标：<br>• 增加销量<br>• 降低退货<br>• 降低整体瑕疵<br><br>功能：<br>• 长度：20尺、40尺<br>• 无漏水接口<br>• 无扭结外层<br><br>阶段：准产品<br><br>上市日期：3月31日<br><br>风险：<br>2月设计超额预订 | 精美的园艺管理<br><br>目标：<br>• 平均售价翻番<br><br>阶段：原型<br><br>应对恶劣天气<br><br>目标：<br>• NE扩张<br><br>阶段：材料测试 | 促进草坪均匀生长<br><br>阶段：发现需求<br><br><br>扩大覆盖面积<br><br>阶段：发现需求 | 无限的延展性<br><br>专业市场<br><br><br><br>肥料输送<br><br>专业市场 |

更新至2017年3月30日，保留不经通知更改以上内容的权利。

图2-12 添加了补充信息的袋熊产品设计蓝图

# 不同背景信息下产品设计蓝图的组成部分(见图2-13～图2-20)

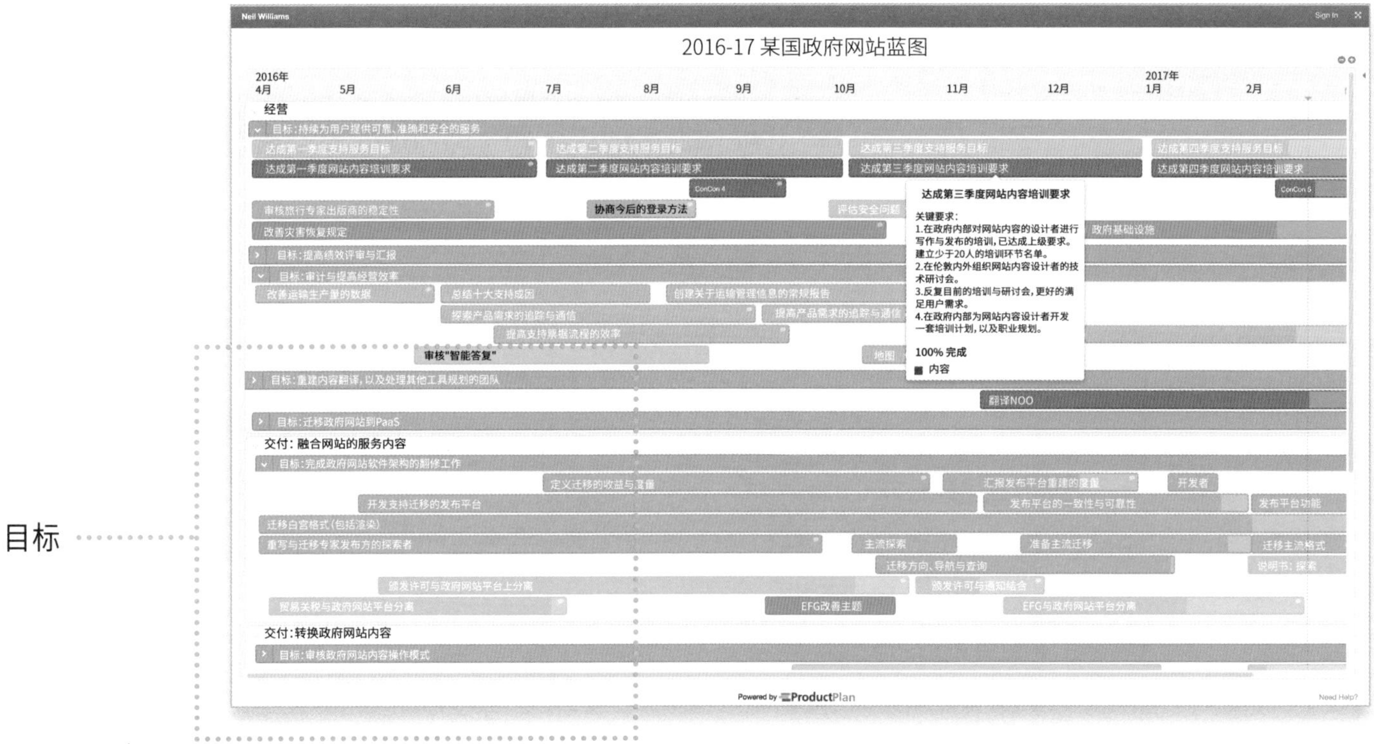

图2-13 某国政府网站开发蓝图

图2-14 Chef Automate的产品设计蓝图

# 不同背景信息下产品设计蓝图的组成部分

图2-15 GitHub的产品设计蓝图

集成                                    更多直观集成率限定政策和提高疑难            GitHub GraphQL API
                                        解答
  • Gruanular的访问权限                                                          提高与GitHub集成的可发现性
                                        代码仓库与组织管理的webhooks
  • 连接组织层

  • 只允许访问特定代码仓库                    Webhooks的权限与访问变更

  • 头等用户
                                        Webhooks的高级问题与Pull
                                        Request功能
各项目的REST API

查看Pull Request的Webhooks                GitHub服务的反对声音

查看Pull Request的REST API

标签与里程碑的Webhooks

合作者、成员与团队的Webhooks


  • 目前可以在便捷渠道或预览上访问

  • 已在近期发行


声明 · · · · · · · · · · · · · · · · ·        **声明**

                                        此蓝图仅为交流信息,请不要以此为据进行购买或制定计划。与所有项目相同,我们有权对蓝图中的各项进行更改或延期,后续开发或项目上线由
                                        GitHub酌情裁决。


© 2017 GitHub Inc. All rights reserved.                                服务条款    隐私    安全    支持

**图2-16  GitHub的产品设计蓝图**

# 不同背景信息下产品设计蓝图的组成部分

图2-17 Bazel的产品设计蓝图

产品领域

图2-18 产品设计蓝图实例

# 不同背景信息下产品设计蓝图的组成部分

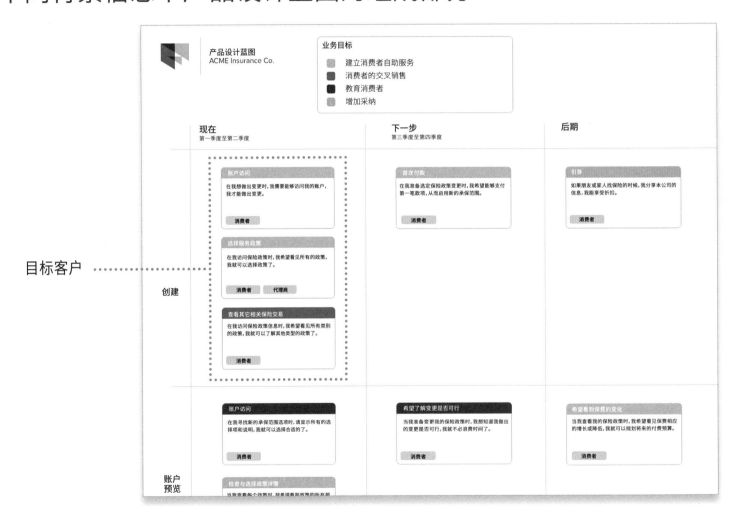

图2-19 保险公司的产品设计蓝图

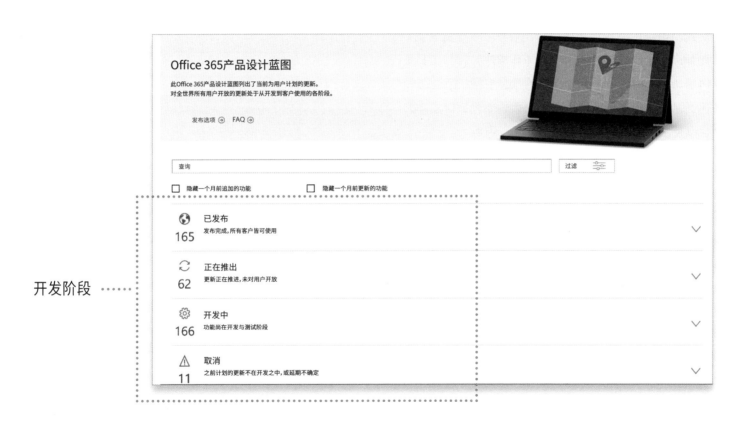

开发阶段 ········

图2-20 Office 365的产品设计蓝图

# 小结

根据不同的产品规模和生命周期，产品设计蓝图可以有不同的形式。但是产品设计蓝图要将所有核心理念凝聚到一起，比如产品动向与大概期限（或工作顺序）。为了真正发挥作用，产品设计蓝图必须提供的信息包括：通过明确地陈述产品愿景提供产品的背景信息，一系列面向成果的主题，以及澄清蓝图内容可以变更的免责声明。

优秀的产品设计蓝图不会将核心信息与诸多题外细节混为一谈，但是可以针对特殊利益关系人添加最必要的信息。

**请参见第9章了解展示与分享产品设计蓝图时如何选择适当细节的技巧。**

现在你对产品设计蓝图的内容有了大致的了解，接下来让我们谈谈应该从哪里着手。

# 第3章

# 收集信息

本章中，我们将学习：

产品生命周期的不同阶段。

如何从市场和业务环境中收集信息。

如何收集客户的信息。

如何收集利益关系人的信息。

# 3

收集信息

# 开始制作产品设计蓝图之前，你需要花点时间收集信息。

收集信息的目的是：确保拥有制定良好产品决策时所需的所有相关信息和背景资料。

**如**果缺乏实时更新的背景资料，你有可能做出过多假设和错误。在收集信息的过程中，你需要和利益关系人进行大量讨论和商谈。

## 掌握产品在生命周期中所处的阶段

产品设计蓝图与各种产品息息相关，同时产品设计蓝图对产品的不同阶段也有不同的帮助。我们认为产品生命周期有5个主要的阶段：

- 新产品阶段。
- 发展阶段。
- 扩张阶段。
- 收获阶段。
- 收尾阶段。

## 新产品阶段

在很多情况下，新产品使我们联想到创业公司，但是许多成熟的公司也会投入时间和资源到新产品领域的创新与扩张。处于此阶段的产品设计蓝图应该提出第一版产品的纲要，并推动产品的建立。

新产品意味着在未知领域里探险，你不得不做出大量假设，然后迅速做出原型，并通过测试得到验证和答案。而验证结果将在很大程度上影响产品设计蓝图需要建立的主题或功能。

## 发展阶段

第二个阶段需要在原有产品上扩大规模。这意味着尽可能多地增加客户。例如，R. Colin Kennedy在Sonos当产品经理的时候，那年的目标是安装尽可能多的产品（扬声器）。团队的主要目标是收益、客户的终身价值等，以及在产品扩大规模后，尽可能地增加客户。

这时的产品设计蓝图可以帮助你排列团队活动的优先级，所有工作都应指向规模问题。有时你只需简单地重组功能或主题，以提高用户体验，有时可能需要把不必要的功能去掉。

这个阶段是一般公司最常见的阶段，每个公司都应当全力以赴持续改进，产品设计蓝图也应给予相应的支持。

这个阶段的风险和不确定性较低。由于你已知目标客户的基础，对于他们的问题也有深刻的理解，因此产品调研通常会比较顺利。

## 产品扩张阶段

在我们讨论的第三阶段里，公司通常会寻求机遇把核心产品或产品线扩展到新领域。新的产品机遇依然与核心产品相关，只是会引入新功能，并带来全新的需求。有名的航班信息网站Kayak.com就是个很好的例子。Kayak刚建立的时候，只提供了一个简单的功能，即允许用户同时搜索所有航线的航班、过滤选项及比较价格。Kayak在市场站稳脚后，发觉这种模式也可以应用到酒店与汽车销售。

## 收获阶段

第四阶段的产品是"摇钱树"，只需进行维护。这种情况下，产品团队已成功找到了产品的市场定位，并已在市场活跃了很长一段时间，有着坚实并稳步发展的客户基础。产品团队已经提供了很好的价值，用户对大部分产品都很满意。Google AdWords是这方面的一个很好的例子。根据Investopia 2016年的报道，"2015年Google总计赢得750亿的利润，其中大部分来自其专有的广告服务Google AdWords。"很明显AdWords是活脱脱的摇钱树产品。我们可以想象AdWords产品团队的最高指导原则就是保持产品的实用性和相关性，增加客户回头率。

这个阶段的产品团队不能只是坐等收钱。随着使用产品的客户越来越多，需求也会增加。所以，这个阶段的团队应该建立能持续解决问题的产品设计蓝图流程，根据客户的反馈决定产品的变更，持续改善产品。

## 收尾阶段

第五阶段也是最后的阶段，可能会觉得这个阶段与产品设计蓝图流程的关联性不大，但是我们认为这个阶段同样需要类似的战略和计划。这是产品的收尾阶段。想起收尾不免让人感觉有点失落，但是产品难免失败。通常大家认为产品设计蓝图适用于发展和增长，大多数时候也确实是这样。然而，产品设计蓝图也需要负责产品逐渐衰退并最终下架。产品收尾可能是比较复杂和微妙的工作，通常需要很好的计划与协调。在产品收尾阶段，产品设计蓝图可以发挥意想不到的效果，它能帮助你就产品的衰退与利益关系人展开舒缓、不失体面而又良好的沟通。

# → 收集市场信息

在了解了产品生命周期后,现在让我们看看外部环境,了解一下市场。

## 了解生态环境

为了建立成功的产品，你需要理解所处的生态环境，这看似很明显，但是现实中许多产品团队却忽略了这一点。我们常常见到产品经理有很充足的业务空间知识，但是其他团队成员却没有。设计师、工程师和其他团队成员认为这是产品经理的责任，他们需要了解业务并将业务战略转达给其他团队成员。理论上也许这没有错，但是实战中我们不建议这样做。我们认为每个团队成员都应该对业务环境有基本的了解。

如果你没有提前认真研究业务环境，那么就意味着你出发时所带的地图是假的。如同15世纪的探险家，他们拿着仅画了半个地球的地图，却努力想要抵达新大陆，结果很容易走进错误的地方。

有很多工具和技巧可以帮助你收集必要的业务知识，从而可以战略性地考虑产品。我们没办法在这里一一作介绍，所以只好拜托更有资格的咨询师和世界一流的商校

了。我们建议，你至少应该为产品建立基本业务模型分析。比如Alex Osterwalder的Business Model Canvas、Ash Maurya的 Lean Canvas等业务模型模板，可以指导你完成这项工作。这些工具可以帮助你战略性地识别和思考业务支柱，比如：

- 问题与解决方案。
- 价值定位。
- 不利因素。
- 关键度量。
- 客户市场。
- 配送渠道。
- 成本。
- 利润模型。
- 关键合伙人。
- 关键资源。

我们发现Lean Canvas在创业或建立新产品时很有效，而Business Model Canvas则比较适合已有产品或增长型业务。这只是我们的看法，你应该尝试各种工具，并为你和你的团队选择最适合的。如果你还没有完成这些基本的工作，那么说明你还没准备好制定产品设计蓝图。在缺乏对基本信息的了解的情况下开始制作产品设计蓝图，意味着你的起点要么只有部分信息，要么充满了诸多假设，无论是哪种情况都会给产品开发带来灾难。

## 定义问题和预期的成果

一个快速判断产品经理人经验水平的办法是：新手会关注功能，而有经验的人会关注问题。最优秀的专业人士会更深入一步去问，"如果我们解决这个问题，那么预期的成果是什么？"发掘成果最好的办法就是了解你的客户。The Grommet的产品总监Vanessa Ferranto解释说，这不像你想象中那么简单："为了收集可靠的信息，你不得不设定预期的成果。有时你成功了，看到了积极的结果，并以此为据建立产品。但有时出来的成果与你的期望不符，那么你必须重审自己的方法。"

Steve Blank在他的客户发展模型中强调了探索问题、解决方案，以及预期成果的顺序很重要。

这个模型的第一步是发现客户，这充分说明了理解客户问题与需求的重要性。他详细地解释了在准备迈进下一步之前，验证核心问题的重要性。通常客户看到的问题只是一个更大的问题的表象。通过与目标客户交互确定问题之后，Steve的模型就进入了验证客户、确立客户关系和创立公司的阶段。验证客户阶段需要证明至少一部分的目标客户愿意花钱买你的解决方案。在第三步确立客户关系中，你可以通过展示早期的成功，促进需求增长和更持久的销售渠道。最后，根据Steve Blank的说明，当产品和销售都足够强大，可以将最初的团队扩张成一个更牢靠的公司结构，拥有正式部门的时候，你就可以创立公司了。

# 收集客户信息

产品开发中一个最为关键的部分是找出客户，并真正理解和体会他们，他们的工作、欲望、需求、困难、挫折、情绪等。如果产品存在就是为了帮助别人解决问题，那么你必须深入地了解这些"人"，才能解决他们的需求。这么做不仅能帮助你验证真正的问题是什么，而且对于理解如何为客户解决问题也至关重要。

这就意味着产品设计蓝图上的每一项都应该记录客户的真正需求。为了记录客户的需求，就需要明白他们的需求。如果制定产品设计蓝图时，不设身处地理解客户，就难免误入歧途，浪费时间。久而久之，终将导致产品失败。将客户的知识融合到产品设计蓝图的制作过程，能确保为正确的人以正确的理由建立正确的东西。

## 客户的角色

在介绍如何识别与体会客户的基本情况前，让我们先设定一些规则，并定义术语。

我们认为，用户角色关注的是工作内容与功能。换句话说，一个用户角色描述的是某个特定用户的主要行为。以最近很流行的线上教育平台Lynda.com为例。Lynda提供了商业、软件、高科技和创新技能的课程，以"帮助用户达成个人和专业的目标。"在建立平台前，Lynda发现了教育市场与专业技能开发之间的缺口。想必他们当时意识到许多人希望加强某个技能，但是不想参加成人教育课程。传统的课程很花费时间，价格昂贵，所以Lynda的团队决定为职能教育提供轻便的远程方式。大致看看这个问题领域，我们能立即识别出两个角色：学生和教师。不难发现，Lynda要解决这个问题，就需要建立一个平台，同时为学生和教师两个角色提供价值。

## 用户类型

我们要定义的第二个术语是用户类型。用户类型强调的是用户怎样与产品交互，或定义用户与产品有关的权限。常见的用户类型包括：

- 最终用户。

- 普通管理员。

- 系统管理员。

- 经理。

- 操作员。

- 浏览用户。

## 用户与买家

区分用户和买家很重要。很明显用户使用产品，而买家买产品。有时这两者是同一个人，有时则不然。在企业或B2B的领域里，通常买家和用户是完全不同的人。例如，销售总监决定购买一年的Salesforce.com订阅，但很大可能是销售经理和销售代表每天在使用这个产品。另一方面，在消费者或B2C领域，买家和用户通常是同一个人。比如，一个音乐爱好者订阅了一个月的Spotify，那么最终这个人就是这项服务的受益者。在这种情况下，一个人同时代表了买家和用户。

回头看看Lynda.com的例子，我们认为学生角色的用户类型是"最终用户"，因为学生通过Lynda参加课程，学习新技能。我们还知道这个人既是用户也是买家，因为她不仅是课程的直接受益者，同时也是付钱的人（见表3-1）。

表3-1
Lynda.com用户角色和类型

| 用户角色（谁/做什么） | | 用户类型 |
|---|---|---|
| 学生 | 学习 | 最终用户、买家 |

## 角色与人物

最后，让我们来看看用户角色(role)与人物(persona)的不同。这两者经常被混淆或误解。对于产品专业人士，理解两者的差异与关系很重要。

人物通常代表的用户可以体现一类用户群体的性格、情感和喜好。人物注重内在性格。一般我们结合照片或图片，以及特征描述和支持属性一起描绘人物。

人物的价值在于它们可以帮助我们设身处地地为买家和用户着想。我们可以尝试把自己放在他们的位置上，从他们的角度看问题。这样做的目的不仅是为了知道谁是你的客户，同时也要真正理解他们。

角色可以帮助我们归类产品的客户，而人物能带我们深度理解客户。我们还以学生这个角色为例，我们可以认为每个使用Lynda平台的学生都需要观看视频、下载文档、在论坛里提问等。然而，为了给每种类型的客户建立真正有价值的体验，我们需要通过人物来深入挖掘他们的需求。例如，Paul的老板答应给他报销学费，所以他可能需要下载支付记录才能提交申请。喜欢社交的Sam为了通过网络结交朋友，可能希望查看班上其他学生的详细档案。

现在让我们总结一下这些用户相关的话题对产品设计蓝图的影响。详细了解客户的基本情况可以帮助你掌握他们的需求，并发掘产品需要解决的工作。为了理解用户的需求，首先你需要知道他们是谁、他们的动机，以及他们采取的行动。为了得到这些信息，你需要走出去与他们直接交互，了解他们的所想、所感、所见、所闻和所做。

# 收集利益关系人的信息

到目前为止，本章中我们所讲的都是外部的相关因素——用户、他们的需求和行为模式，以及产品所处的业务环境。然而，我们需要强调内部因素同样非常重要。作为一个产品经理人，无论你的直觉有多好，都无法凭空建立或发展你的产品。或许你可以做出第一版自己的产品，但是之后的发展你需要额外的支持。因此，产品设计蓝图流程需要与所有关键利益关系人密切合作。

首先你需要找出所有的利益关系人。一般来讲产品团队至少需要产品经理、设计师和工程师。这个小团队我们称之为产品核心组织（见图3-1）。产品核心组织一般负责设计、建立、运输和维护某个产品或版本（见表3-2）。

图3-1 产品核心组织包括所有直接为产品工作的人：产品经理或产品负责人、设计师和工程师

表3-2
利益关系人以及他们的受益与贡献

| 利益关系人 | 受益 | 贡献 |
| --- | --- | --- |
| 客户 | 期待他们将来的受益 | 提供关于价值和优先级的反馈 |
| 高管 | 掌握资源的使用状况和潜在的投资回报 | 为产品方向和优先级提供战略背景 |
| 销售 | 能够回应来自客户和潜在客户的关于产品未来方向的问题 | 提供赢得潜在的购买客户和回头客的反馈 |
| 市场与公众关系 | 能够启动并推广未来的产品或功能 | 提供关于如何吸引目标市场的反馈 |
| 客户支持 | 能够回答产品bug、使用问题、或将来的功能等方面的客户咨询 | 反馈客户拨打服务热线的主要原因 |
| 调研 | 计划调研项目，为未来产品设计蓝图的主题提供支持 | 提供关于市场和用户的信息，帮助建立主题和优先级 |
| 其他产品团队 | 使他们的技术路线和发行日程与你的团队保持同步 | 使你的团队的技术路线和发行日程与他们保持同步 |
| 运营、产品、采购、人力 | 理解将来的基础设施、工具、工厂、人事及其他扩展性需求 | 针对基础设施、工具、工厂、人事部门和其他产品设计蓝图上的成本，提供意见和看法 |
| 财务 | 掌握预计的花费与预期的投资回报 | 提供关于财政预算和投资回报率目标的反馈 |
| 供应商与技术合作伙伴 | 计划必需的配件供应及性能规格的时间和产量 | 提供功能与性能规格反馈，提供对新材料和技术的看法 |
| 渠道合作伙伴 | 计划产品搭配、定价、促销、培训与配送 | 提供关于如何销售、时间和价格的反馈；计划合作营销 |

然而，在整个产品开发的生命周期内，核心团队需要与许多其他对产品有帮助的利益关系人协同工作（参见表3-2）。

对于小规模或刚建立的公司，利益关系人的圈子很小。然而随着产品和其影响的发展，需要更多相关利益关系人的合作与支持。你可以把这些利益关系人想像成环绕着产品的圈子。这些层或圈如何定义，涉及哪些利益关系人，则完全取决于你的团队和业务结构。

举例来说，这些圈可以代表产品空间或客户基础的知识，也可以代表对决策的影响力，甚至可以代表与产品团队交互的频率。下面的例子演示了根据与产品团队的交互频率，划分的群体和个人的典型结构层次，他们可能涉及建立、采纳和管理产品设计蓝图（见图3-2）。最终你需要定义如何组织利益关系人，以及如何与他们交互。

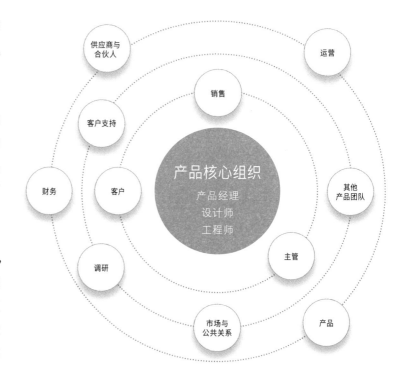

图3-2 产品核心团队负责设计、建立、运输和维护特定产品或版本

Asana 产品管理总监Jackie Bavaro 说，"首先让每个与客户打交道的团队列出他们所关心的十大问题，然后将所有团队的问题融合在一起，进行全局排序，就可以得出代表客户心声的列表。这个列表有利于了解内部利益关系人的期望。这个过程可以确保每个团队都能分享他们独特的观点，而融合的过程则允许团队直接参与划分优先级。一旦有了这个列表，我就可以从具体的功能建议中归纳总结出更加全面的主题，并可以在制作产品设计蓝图时考虑更多战术与战略因素。"

我们将在第8章中进一步讨论利益关系人，但是初始阶段确定谁是利益关系人非常重要。在做这项工作的时候，请确认他们在产品开发过程中所承担的角色。

在产品设计蓝图制作过程中，你可以在不同的时间点将这些利益关系人逐个加进来。你对利益关系人做出的承诺将极大地提高产品的质量，同时也可以让产品的制作过程更加顺畅（见图3-3）。

图3-3 产品设计蓝图的优先级与成本示例

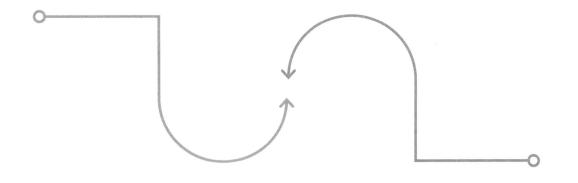

# 小结

在缺乏对产品领域和用户的基本了解的情况下，制作产品设计蓝图只会让你在黑暗的摸索，带着偏颇的假设为不可靠的应用场景设计方案。不难想象，前方困难重重。如果你被傲慢蒙蔽双眼，自以为已经拥有了所需的所有资料，只会导致浪费时间、精力、资源，当然还有金钱。所以，坦白地说，你需要预先做好工作收集或更新我们提到的关键信息，充实你自己，为建立成功的产品做好准备。

本章提到的信息并没有涵盖所有制作产品设计蓝图所需的背景信息，它们只是最重要的一部分。其他的信息，比如充分理解现有的和打算采用的技术，你也需要有所掌握。可以说，了解的信息越多，你作为产品领导就越出色。你所承担的角色要求你掌握所有的信息，解释这些信息如何影响产品，并根据这些信息建立产品设计蓝图。

第4章

# 建立产品愿景与战略

本章中,我们将学习:

使命、愿景与核心价值的区别。

如何建立与沟通产品愿景。

如何开发能够实现愿景的产品战略。

定义成功度量标准的重要性。

# 4

建立产品
愿景与战略

# 产品的愿景应当对服务人群的生活和你的公司产生影响。

你很容易被产品开发周围的各种概念和术语给淹没,再加上战略方面的术语,你会感觉更加晕头转向。

与产品开发相关的战略术语有使命陈述、公司愿景、核心价值、目标、战略、问题陈述、宗旨和成功准则。另外还有一些缩略语,比如KPI和OKR,这些都对指导你的工作有潜在的帮助。如何知道哪种方法适合你的情况,又从哪里开始呢?

无论你们公司是使命驱动、愿景驱动、核心价值驱动、还是多个的结合,你都可以从中汲取指导原则,为你的团队提供方向。接下来我们将定义使命、愿景、和核心价值,以便统一我们的认识。如果这些定义与你已知的定义有出入的话,还请见谅。

## 使命定义你的意向

使命不是你的价值,也不是对未来的憧憬。它是你现有的意向,以及驱使你实现愿景的目的。使命可以清晰地阐述你的业务意向。我们常常发现使命的陈述中混合了现实主义与乐观主义,尽管这两者有时是互相矛盾的。

一个精心设计的使命陈述有四个关键元素:

**价值**

使命将为这个世界带来怎样的价值?

**鼓舞**

使命如何鼓舞团队去实现愿景?

**合理性**

使命是否符合现实并切实可行? 如果不能,那么它只会让人沮丧,没有人愿意去做。反之,如果使命切实可行,大家就会全力以赴去实现它。

**专属性**

使命是为专属的业务领域、行业或环节准备的吗? 请确保使命与公司紧密相关有共鸣。

## 下面列举了两个使命。
## 你猜猜是哪个公司的？

公司A

令全球的人们更怡神畅爽……

不断激励人们保持乐观向上……

让我们所触及的一切更具价值。

公司B

**激发并孕育人文精神——每人，每杯，每个社区。**

公司A是可口可乐，公司B是星巴克。由于公司的规模和知名度，这些使命也有可能被人当成市场口号，这些鼓舞人心的语境很重要。

使命的另一个方面往往被忽略，那就是使命必须映射你要为别人所做的事情。别人一般来说不是指利益关系人，而是你的客户。

愿景的陈述经常与使命混为一谈。我们见过很多公司的愿景陈述实质上是使命陈述。愿景陈述很难做到不以自我为中心，比如"成为最优秀的___。"

# 愿景是你寻求的成果

一个公司的愿景应该是长期的成果，对产品服务人群的生活和公司产生影响。愿景是公司的立足之本，直白地说，就是你希望通过努力为世界和公司带来的收益。愿景可以是对未来的憧憬，比如"世界上每一个角落都有你的家"（Airbnb），或者"成为跨星际物种"（SpaceX），又或者"一个没有贫穷的世界"（Oxfam）。

公司的愿景以最简单的形式描绘了未来的现实或世界。一个立体的愿景陈述至少应当强调两个方面：

- 目标客户—谁？
- 受益或提出的需求—原因？

有些可能还包括第三点：

- 独一无二—有何不同？

让我们看看Airbnb的例子：

世界上每一个角落都有你的家。

- 谁：你，客户！
- 什么：归属感。
- 有何不同？每一个角落都有你的家，即便你觉得你不属于那里。

# 核心价值是信仰和理想

**核心价值**是行为指导。核心价值塑造文化，人力资源部门经常把文化挂在嘴边，这个让人捉摸不透的词是指无人在场时人们的行为。公司的核心价值描述了愿景或使命，以及实现的方法。

核心价值经常被当作指南针。指南针只能告诉你东南西北，却无法指明你前进的方向，你必须自己做决定。同样的，核心价值可以帮助你决定业务的对错，而前进的方向则由愿景和使命决定。

愿景是你的终极目的地，而使命则告诉你朝哪个方向前进才能抵达这个目的地。我们拿InVision App的核心价值做个例子："假设问题。深思熟虑。数十年如一日。细节，细节。设计无所不在。诚信。"他们对于员工怎样在工作中做决定给出了指导方针。

一个简单的例子：如果你在Whole Foods Market购物（全美国最大的有机食品超市，最近被亚马逊收购），你遵循的核心价值是"我们出售最优质、天然的有机产品，"在这种店里你还会选择含有人工添加剂的食品吗？我们觉得你不会，核心价值观告诉你人工添加剂在这个公司是个错误的方向。

不少产品设计蓝图提供了许多交付的细节，却忽略了愿景、使命、或核心价值的背景介绍。通过总结愿景和追寻战略，你可以建立产品设计蓝图的基本框架，然后再提供主题、功能、产出、服务、活动等细节，如此建立的产品设计蓝图可以为所有利益关系人描绘出清晰的画面。他们愿意支持你建立的这个基础，并为之贡献自己的力量，因为他们不必再担心所有利益关系人如何按照自己的意愿建立产品。

有了定义之后，现在让我们来深入讨论如何在产品设计蓝图中建立这些概念。

# 产品愿景：产品存在的意义

首先产品愿景表明你为什么把产品带入市场，以及产品的成功对于世界和你的公司有何意义。愿景是整个工作的原由，奠定了产品设计蓝图的基础。如上述我们提到的，愿景是你打算要去的目的地。

Capella University是在线高等教育的早期创新者。它最初的成功来自提供高品质的在线学习体验，但是随着他人纷纷效仿，他们需要打造独特的产品。

在探索的过程中，他们发现人际关系能大幅降低学生的辍学率，而在线访问助学金等类似的资源，可以降低热线电话的使用，并提高学生的满意度。据Capella的在线教育管理人员Jason Scherschligt说，这成就了他们的产品愿景"网络版大学全面体验"关键的一点，这个愿景不仅包含了访问学术学习的空间，还包含了行政管理职能、支持资源（技术支持、就职中心、写作资源、残疾人服务、以及在线图书馆），还有学生的私人网络、学院和校友录。

Scherschligt解释说，"愿景工作对最初的成功很关键，刚开始它只是个升级版的ERP（企业资源规划）面板，后来通过有力的愿景和故事叙述，它变得对公司越来越有价值。我们最初在2008年提出了构想，在2009年6月发行了第一版，从那以后它始终是Capella在线体验的核心。"

通过一个清晰的产品愿景的指导，Scherschligt及其团队可以径直地将每个决定和工作重点与他们想要的结果联系起来，通过网络获得全面的大学体验，并根据这些期望的成果开发"主题"。

很有可能你们公司的某个人或某个部门已经在酝酿产品愿景了，但是如果他们不讲出来，那么就毫无意义。如果你的CEO有一个愿景，但是她还没来得及与公司的同事分享，那么可以肯定她不在场团队就很难做决定。

如果你们公司有多个产品，那么产品的愿景很可能与公司的愿景不同，但产品愿景依然是从公司愿景中衍生出来的，并且符合公司愿景。比如，Google搜索的产品愿景是"一键通世界"。很容易看出来这出自公司的愿景："整合全球信息，让每个人都能随时、随地获取。"

创建产品愿景时，我们建议从Geoffrey Moore的"价值主张模板"（也就是著名的"电梯游说模板"）开始，请参照他的著作《Crossing the Chasm》。我们在产品设计蓝图制作中进行了轻微的改编。

## 价值主张模板

**对象：** ［目标客户］

**期望：** ［目标客户的需求］

**产品：** ［产品名字］

**是：** ［产品类型］

**功能：** ［产品受益/购买理由］

**有别于：** ［竞争对手］

**我们的产品：** ［独到之处］

## 以袋熊软管为例

**对象：** 热爱庭院景观的房主

**期望：** 需要一个可靠的软管可以长期使用

**产品：** 袋熊花园软管

**是：** 灌溉系统

**功能：** 任何条件下都稳定工作的软管

**有别于：** 竞争对手

**袋熊花园软管**结实耐用，提供永不间断的灌溉

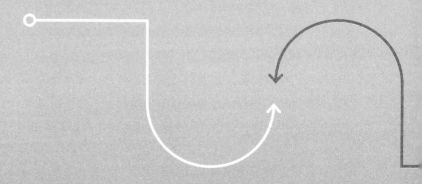

接下来加入细节描述，将这句话融汇到公司的战略中。

**支持我们的：[目标]**

最后，可以将这句话精简成愿景陈述，想办法把信息压缩成如下格式：

世界上［目标客户］不再为［已知问题］而烦恼，因为［产品］可以为他们带来［受益］。

**袋熊花园软管的例子：**

> 美国的庭院景观爱好者［目标客户］能够拥有更可靠和自动化的［已知问题］灌溉系统，省时省力的灌溉系统［产品］为他们带来完美的草坪［受益］。

这里的重点在于谁（目标客户）、什么（要解决的问题），以及为什么（他们得到的受益）。另外，这有助于组织前期信息，完成清晰的产品愿景。当然这种方式看起来很刻板，且不利于愿景的陈述，因为你的产品和业务应当是独一无二的，生搬硬套往往会弄巧成拙。但是，如果你从零开始，或者产品愿景已经建好了，需要检查是否足以推动产品战略和产品设计蓝图，那么这个模板是个很好的工具。

有些产品团队把产品愿景精简到只剩下产品受益和产品的独特之处。

提供［产品独特之处］带来［受益］。

**袋熊花园软管的例子：**

> 提供完美的灌溉系统为美国人带来完美的草坪。

"如果处理得当，产品愿景可以成为我们最有效的招贤纳士的工具，鼓舞团队成员积极工作。鼓舞人心的愿景可以吸引技术高手，因为他们想要做一些有意义的事。"

——Marty Cagan，
Silicon Valley Product Group的创始人，
《Inspired》的作者

## 公司和客户的双赢

在讨论愿景的时候不要忘了公司这方面。一个公司的愿景可以是"操控美国全方位的特色零售业务"（Barnes & Noble），或者成为"主流的平台如Salesforce和Hubspot"（Contactually）。诸如此类的内部愿景与源于外部的愿景一样重要。他们共同打造美好的事物。

公司要赚钱才能维持业务和实现愿景，健康的想法是承认这一点，并集思广益，从而实现两者或者其中之一。

关于内部愿景陈述要注意一点：不要过于关注公司而忘了客户。

1980年微软的那个著名的愿景"让每台个人电脑都运行微软的软件"就是个很好的例子。当时这个愿景描绘了一个激动人心的未来世界，很显然微软是最大赢家，但是这对每个电脑使用者也有帮助。但是有人反驳说，这个愿景并没有为微软的客户服务，完全是以微软为中心。我们写这本书的的时候，用到了MacBook、平板电脑和台式机，我们充分理解个人电脑的受益。如今这个受益很明显，但是在1980年这个愿景仅暗示了客户的受益，在当时没什么问题。如果放到现在这种愿景就略显不足了，因为它太以微软为中心，时过境迁，我们要尊重每个电脑使用者。如你所料，写这本书的时候，微软的那个愿景早已不复存在了。

# 产品战略：
## 如何达成愿景

产品战略是连接高层愿景与产品设计蓝图中具体事宜的桥梁。对于许多公司来说，产品战略服务于他们的整体业务战略。所以制作产品设计蓝图时从产品战略开始很关键。

如果你的产品愿景需要满足一群人的需求，那么产品战略只需要简单地解释实现的方式，从而明确化和具体化愿景。一般情况下，这需要采用表现目标的形式。比如，SpaceX希望实现的伟大的愿景是："在有生之年实现登上火星的梦想。"

为了确保关系营销平台在财政预算内，Contactually将业务目标定义为增加销售机会、提高平均售价和从试用到购买的客户转化率、以及维系客户。

Contactually更进一步在主题内结合了内部和外部业务目标。其业务战略为发展"来年的房地产专业市场"，并计划"在将来扩展到别的领域。"Contactually的这项业务战略将市场需求和自己的需要结合到一起。让我们把这项业务战略转换成产品战略，看看战略如何独立于业务目标，同时又与之保持密切关联。

## 目标和关键成果

了解与产品愿景紧密相关的业务目标对实现愿景很关键。"在梦想的世界里人们可以从一个地方瞬间转移到另一个地方，无须经历奔波之苦。"说起来容易，但是事实上你必须从诸多的产品、科技和业务方向选定具体的方案，并确立具体的目标与步骤，否则很难实现这个愿景（如果你实现了瞬间转移，请一定告诉我们；我们这群人成天飞来飞去，好辛苦）。

**目标与关键成果**（objectives and key results，OKR）常常被看作匹配业务目标与成功标准的好方法。OKR框架包括两个前提：第一，目标必须是具体的定性的目标；第二，关键成果必须是实现这些目标的量化的进度衡量标准。根据Intel的Andrew Grove在他的作品《High Output Management》（Vintage出版）一书中的叙述，他在20世纪80年代第一次实装了OKR。如今许多知名的公司，例如Google、Uber、Zynga和LinkedIn等，都在运营中使用OKR。OKR工作法（Radical Focus）的作者Christina Wodtke，在设定个人目标中采用了OKR框架，并撰写了一本小短篇献给产品的OKR。

以下是在产品设计蓝图制作中使用OKR的一些注意事项：

- 产品设计蓝图上的一切都必须连接到一个或多个目标上。

- 目标的数量要易于管理（根据我们的经验和研究，一般少于5个比较理想，切勿太多）。

- 关注成果，而非产出。

我们采访了许多团队，发现每个团队都有自己的度量标准，一般来说有下面几种模式。

## 十大通用业务目标

我们筛选了所有见过的业务目标，并总结出了十大适用于任何产品的目标，无论是硬件、软件、还是服务型产品。无论何时如果我们通过问"为什么"层层深入挖掘产品设计蓝图的主题、功能、解决方案、程序、或其他提议的原因时，答案终将回到这些潜在的目标上。

针对通用目标的每一项，我们以袋熊花园软管为例，分别列出可能源于此目标的主题、解决方案或其他提议。同时我们还列举了建议的关键成果，用于度量目标的成功与否。

你的产品可能包含一个（或多个）类似的公司目标。注意这些不是面向客户的目标，但是内部目标与面向客户的目标应该互利互助（我们将在第5章详细讨论面向客户的目标）。Localytics的产品管理总监Bryan Dunn提出了一个很好的问题，"我们需要怎样的产品来实现这些业务目标？"举例来说，提高可用性可以增加客户终身价值（LTV），降低客户流失。对客户来说这个目标意味着更好的用户体验；对产品来说目标是降低客户流失，增加客户终身价值。我们之前提到的双赢得到了平衡（见表4-1）。

表4-1
十大通用业务目标

| 通用目标 | 袋熊主题或解决方案 | 袋熊关键成果 |
| --- | --- | --- |
| **可持续性价值** | | |
| 支持产品的核心价值 | 坚实耐用 | 第一批产品必不可少的功能 |
| 与竞争者抗衡 | 品牌专属材料 | 第一批产品必不可少的功能 |
| **发展** | | |
| 增加市场份额 | 具有竞争性的以旧换新项目 | 第一季度达到5%份额 |
| 满足更多需要 | 建立另一个工厂 | 断货意外降低到<10% |
| 开发新市场 | 承包商版 | 第一季度销售20万承包商版商品 |
| 提高经常性收入 | 消费性配件 | 65%的再购率 |
| **利润** | | |
| 保证高售价 | 10年保质期 | 价格提高20%但不会造成5%以上的销量流失 |
| 提高终身价值 | 专属接口，防止混用不同品牌 | 第二季度平均终身价值+30% |
| 降低成本 | 内部消化打包工作 | 12个月内产品成本降低15% |
| 活用既存资产 | 为其他品牌开发专属版本 | 有效利用工厂的剩余生产力，在12个月内创收超过100万美元 |

让我们回到Contactually的例子，可以用以下三个目标来表达来年的产品战略，每个目标都有相应的成功标准：

1. "引入房产经纪愿意花钱购买的新功能或服务。"

2. "提升我们已计划的功能，吸引更多用户购买。"

3. "提升团队的功能性，更好的满足团队领导的要求。"

这里的每一个主题都与一个目标相关联，并可以通过具体的关键成果度量目标，而且他们的产品设计蓝图也反映了这点。这种目标驱动的产品设计蓝图的制作方法为内部成员带来了清晰的方向。这种情况下，每个目标不再基于客户的需求，转而关注需要达成的可度量的业务利润（比如提高平均售价或提高续约率等）。这种"基于成果"的产品设计蓝图清晰地表达了具体工作的重要性，并且为Contactually后续的构想功能保留了一定空间。这个框架还可以通过业务调整，为产品设计蓝图中未包含的工作留出空间，比如修改bug和加强基础设施。

**请参照第5章和第6章关于如何识别和解决的客户的需求。**

Contactually的产品设计蓝图可以支持内部讨论业务目标、以及每个目标能够分配到多少公司资源（见图4-1）。而每个月的交付因为是产出，所以可以一笔带过（后面我们会详细讨论产出与结果）。

基于内部业务目标的产品设计蓝图当然不适合与客户或渠道合作伙伴分享。客户对你的内部度量标准或开发新技术平台的工作可没兴趣，他们只关心你怎样为他们和他们的业务带来更多价值。这些外部的利益关系人同样不感兴趣你的资源分配，除非他们看到你在他们关心的问题或功能上投入了大量资源。

所有这些都只为回答一个问题：你如何知道是否达成了这些目标？你的度量标准可以追踪进度。人人都喜欢优秀的度量标准，不是吗？

九月创建产品设计蓝图的时候，开发客户工作已经完成，可以着手计划接下来两个月的工作。

但是，下个主要工作的定义不得不推迟，需要等到客户对前面的工作给出反馈，经过评估后才能确立新的需求。

第二栏描述了公司寻求的业务成果以及达成此项成果的工作计划。我们称之为"目标"。

第一栏显示了每项成果分配到的资源。

特别指出了基础设施的投资。请注意这项成果描述的是业务效益："加速迭代和独创。"

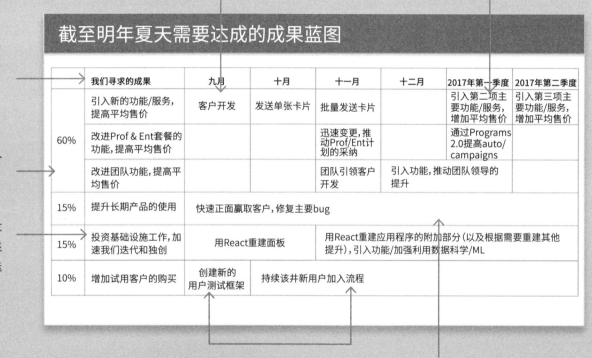

**截至明年夏天需要达成的成果蓝图**

| | 我们寻求的成果 | 九月 | 十月 | 十一月 | 十二月 | 2017年第一季度 | 2017年第二季度 |
|---|---|---|---|---|---|---|---|
| 60% | 引入新的功能/服务，提高平均售价 | 客户开发 | 发送单张卡片 | 批量发送卡片 | | 引入第二项主要功能/服务，增加平均售价 | 引入第三项主要功能/服务，增加平均售价 |
| | 改进Prof & Ent套餐的功能，提高平均售价 | | | 迅速变更，推动Prof/Ent计划的采纳 | | 通过Programs 2.0提高auto/campaigns | |
| | 改进团队功能，提高平均售价 | | | 团队引领客户开发 | 引入功能，推动团队领导的提升 | | |
| 15% | 提升长期产品的使用 | 快速正面赢取客户，修复主要bug | | | | | |
| 15% | 投资基础设施工作，加速我们迭代和独创 | 用React重建面板 | | 用React重建应用程序的附加部分（以及根据需要重建其他提升），引入功能/加强利用数据科学/ML | | | |
| 10% | 增加试用客户的购买 | 创建新的用户测试框架 | 持续该并新用户加入流程 | | | | |

一些大家都熟知的近期工作描述得非常详尽。后期工作的描述则比较泛泛，随着工作的推进，具体的需求会逐步浮现。

很多公司经常因为关键客户的不满或非必须的需求分散资源。做计划的时候为这种情况保留一定空间，确保其他的计划和承诺不会被打断。

图4-1 Contactually公司基于成果的产品设计蓝图

## 关键成果(和度量标准)

在产品发行前,产品管理专业人士必须做的一件最重要的事情是定义如何度量产品的成功,或产品的关键绩效指标(KPI)。这些KPI是用于度量OKR关键结果的标准。这些数据针可以针对产品的状况提供十分有意义的反馈。选择度量指标的过程很复杂,以往的经验可以提供很大帮助。对于新手产品经理,我们有一个关键性的建议:从大量的分析数据中寻找平衡。一般来说,三到五个目标通常就足够了,而度量标准不应该呈指数增长。有时你甚至仅需要一个度量标准(各人情况可能有所不同,但是请记住目标越多,你所能赋予他们的关注就越少。请参照第七章关于如何分配优先级)。如果每周你在审核分析数据上花费的时间多于1个小时,那么就说明你追踪和分析的衡量标准太多了。数据分析是产品设计蓝图制作的重要部分,但是把这项工作搞得过于烦琐、耗费太多时间,就得不偿失了。

随着产品的发展,团队在测试解决方案和提高功能性上越做越好,收集数据的方法也会变得越来越熟练。话虽如此,你必须确保定义足够的成功衡量标准,才能获得有价值的分析结果。仅靠追踪收益无法帮助你创造一个提供持续价值的产品。收益之类的度量当然可以告诉你哪里出了问题,但是你知道的时候就已经太晚了。根据我们的经验,最好在刚开始就准备好几个KPI。

除了具体的产品度量标准之外，还可以结合客户的反馈，更生动地了解用户的行为。你可能听过净推荐值（net promoter score），评估客户反馈质量的量化度量标准。没有任何方法可以代替与客户面对面的谈话，倾听他们如何使用你的产品，他们喜不喜欢你的产品。这种结合定量和定性的数据如果使用得当威力很大。一旦你有一个可靠的系统定义追踪内容和分析结果，就可以利用这些信息组织产品设计蓝图，并排列优先级。

回到Contactually的目标"提升我们计划的功能，吸引更多用户购买"，关键成果可以是"在具体期限内（一个季度、一年等）用户增加5%"，而具体功能的度量标准比如"写邮件和发邮件的时间减少10%"等，以此来显示部分产品的实用性得到了提高。请注意每个目标可能有多个关键成果，因为你可以采用不同的度量标准判断目标是否达成。

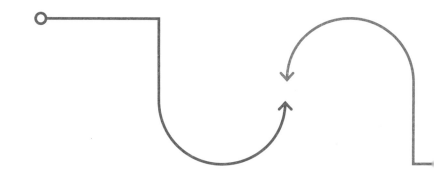

# 成果与产出

世界闻名的哈佛商业评论的博主Deb Mills-Scofield给出了很好的例子，教我们如何区分交付的产出与原因（成果），她总结了这些术语的定义："我们可以把产出定义为我们创造的东西，可以是物质的或虚拟的，它面向一类具体的客户，如汽车儿童座椅。而成果则是产出带来的差异。"

我们曾多次说到产品设计蓝图应当关注成果而非产出。尽管如此，有时你需要提供具体的细节，作为达成愿景的战略的一部分你打算交付什么。SpaceX展示了宇宙飞船的设计图和登上火星的视频，供大家先睹为快。游戏公司任天堂惯用的一招是，设计电影预告片掉玩家的胃口，却不告诉你任何细节。电子芯片制造商经常需要提前数月、乃至数年向他们的OEM合作伙伴提供规格标准，但是产品设计蓝图的细节程度要根据观众而异。

关注产出的产品设计蓝图常常面临的风险在于，团队不断发行新功能，却忘记了做这些功能的初衷。我们经常用功能生产车间来形容这样的团队。发行了一堆功能之后，关键的问题在于：是不是达到了期望的成果？

# 时间表

关于产品设计蓝图上的期限，有很多的争议。很多利益关系人希望产品设计蓝图准确地告诉他们时间和产出。但是，这实际上指的不是产品设计蓝图，而是项目计划或者发行计划。Brainshark的产品总监Michael Salerno说得很明白："产品设计蓝图不是发行计划。产品设计蓝图是一系列利益关系人所关心的问题，需要交付可行的理念。发行计划需要严格的范围定义和可行的工程计划。"

即便如此产品设计蓝图依然摆脱不了时间表，事实上，我们在第2章中也把时间表作为了产品设计蓝图的主要组成部分。但是Candescent Health的产品总监Jim Garretson解释道，"不要对产品设计蓝图上截至日期抱有任何期望。产品设计蓝图应当描述产品本身，不一定非要给出正确的期限。"所以我们建议的时间表不是具体的日期和功能，而是相对比较粗略的时间段，比如2017年1月，甚至2018年第二季度。

宽松的时间表比如"现状"、"近期"和"将来"依然可以满足团队和利益关系人，不用提供具体的交付日期。把那些具体的期限留给发行计划和项目计划吧！

我们知道在某些情况下，产品必须在特定的期限内完成。比如，如果你的软件需要加载到另一个产品中，而那个产品有着严格的截至日期，就像电视中加载的初始软件。但是我们依然应该把这么详细的信息留给项目计划或发行计划，而不是放到产品设计蓝图中。

## 案例学习

# SpaceX

016年9月，身为SpaceX（和特斯拉汽车公司）CEO的 Elon Musk宣布了他的产品设计蓝图：征服火星。他的演讲和产品设计蓝图的概览是我们学习的典范，我们可以从中学习如何将产品愿景、战略、业务目标和主题融合在一起。

## 产品愿景

我们从SpaceX发布的公司愿景陈述开始：

**SpaceX的建立旨在坚信在未来世界人类能够冲出地球，探索星际，这远比我们当前的世界更加令人期待。现今SpaceX正在积极地开发高科技，努力实现这个目标，并最终实现让人类去火星生活的终极目标。**

这个陈述包括了愿景、使命、和核心价值的元素。这些术语的差别在这里并不重要，重要的是Elon Musk概述了公司的抱负，公司的立足之本、以及明确的阐述了实现目标后我们的受益。

为了让受益绝对清晰，他指出：

**人类非但不会灭亡，还会演变为跨星球的物种。**

广义上来讲产品，SpaceX产品愿景的首要部分是"在火星上创建自给自足的城市。"为什么是火星。有人可能会问这个公司的使命，Elon Musk的描述是："对于建立自给自足的文明，火星是离地球最近的行星中最好的选择。"

## 业务目标

在开始讨论战略时，Elon Musk总结出了人类登上火星的关键问题：金钱。他估计每个人需要花费近100亿美元。所以目前还没有哪个人想去而且负担得起。从市场可行性考虑移民火星，SpaceX必须"将成本降到美国一所房子的价格，大约20万美金"。这个业务目标本身就带出了关键结果。

## 主题

Elon Musk问他的团队，为了实现这个战略，我们要攻克哪些难题？团队做了研究，定义了如下主题：

- 完全可重用的宇宙飞行器。

- 轨道飞行期间补充燃料。

- 在火星上生产推进燃料。

- 正确的推进燃料。

这四个主题并没有给出具体的科技或解决方案，它们都是支付能力这个目标的子目标。每个子目标都可以作为一个

主题（我们将在第6章中讨论副主题）呈现在产品设计蓝图中。

## 关键结果

首个主题"完全可重用的宇宙飞行器"的成功关键可以是：

- 整体市场成本控制在20万美元以内。

- 火箭传输的可重用性不小于90%。

- 可在火星上大量生产推进燃料。

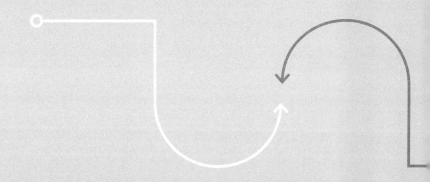

# 小结

为了建立客户和公司未来的愿景，以及达成愿景的战略，我们需要指导方针，而这个指导方针恰恰是制作产品设计蓝图的重要因素。在产品设计蓝图中添加时间表和交付成果可以帮助你建立和说明产品设计蓝图、并赢得大家的认可。

将产品设计蓝图中的战略分解成目标和关键成果，可以让我们在功能等具体产出之外，引导产品的开发工作朝着可度量的成果努力。度量工作应该集中投入到少于5项的目标上，为客户与公司实现最大的成功。

在第5章和第6章中，我们将讨论如何发现并解决客户的关键需求。

# 第5章

# 通过主题发现客户的需求

本章中，我们将学习：

表达客户需求的重要性。

主题与副主题的定义。

发现主题与副主题的方法。

如何利用任务故事和用户故事支持主题。

如何将需求转换成主题和副主题。

连接主题与目标的方法。

如何在产品设计蓝图中管理功能。

# 5

通过主题发现
客户的需求

# 识别客户需求是产品设计蓝图流程中最重要的方面。

产品设计蓝图必须表达客户的需求。因此,必须根据客户需要实现的需求,或客户需要解决的问题,建立产品设计蓝图上的各项。

**发**现这些需求很具有挑战性。最重要的是,你必须认真审视每个需求,确定你的理解没有因假设而产生偏差,或被有色眼镜扭曲了你的视觉。所以,本章我们将深入讨论如何调查、识别和定义客户的需求。

## 表达客户的需求

在序言中,我们曾将产品专家比喻成行政总厨,并将建立产品喻为烹饪大餐。在这个比喻中,产品设计蓝图等同于大厨的菜单,它定义了交付产物。但是截至目前为止菜单上还什么都没有。现在让我们拿出一些实质性的东西,搞清楚菜单上有什么、以什么顺序和方法呈现。

如果你完成了基本工作,那么应该已经发现了真正值得解决的问题。换句话说,你已经识别了"需要做的工作",这些问题给客户造成了很大困难与不便,他们急需找到解决方案。另外,如果指导原则设置得当,你应该已经有了清晰的愿景,并掌握了预期的结果和需要实现的目标。当一切准备就绪,你就可以深入细节了。

接下来为了产品能为客户提供价值,你需要提取准确的问题或需求。这个部分很关键,因为产品的每个决定都必须以客户的需求为基准。专注于客户的需求有助于避免创建客户不需要的东西、迫使你提高效率、并最终确保交付最大可能的价值给客户。

产品设计蓝图可以帮助你将客户的需求与自己业务的发展与成长相匹配。无论你正在建立最小可行产品（MVP）、还是在做第二版或发行97号，我们都建议你首先从理解和整理客户最重要的需求开始。

之前也有提过，我们建议你在产品设计蓝图和发行计划之间划清界限（见图5-1）。产品设计蓝图应当表达高层的需求和需要解决的问题，并帮助你确认原因。相比之下，发行计划则记载了如何解决这些需求和问题的细节。产品设计蓝图不应该涉及开发解决方案，或定义产品内容。把这些工作都留给发行计划！

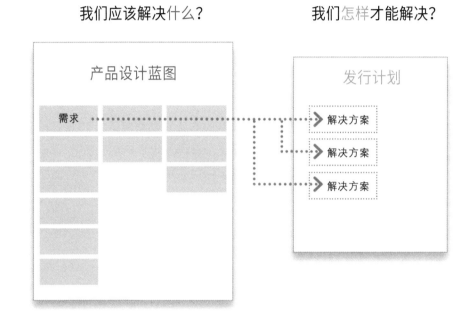

图5-1 产品设计蓝图与发行计划

# 主题与副主题

曾经提到过，制作产品设计蓝图的过程中我们用主题和副主题表达客户的需求。这可能对你们很多人来说是个新概念，所以让我们先来定义一下这些术语。

**主题是一种组织结构，用于定义目前对客户很重要的内容。**

主题与副主题的不同在于细致程度。**主题**是高层的客户需求。**副主题**是更加具体化的需求。主题独立存在，也可以代表一组副主题。让我们看一个软件的例子：

| | |
|---|---|
| 主题： | 解决关键的可用性问题 |
| 副主题： | 分页 |
| 副主题： | 菜单导航 |
| 副主题： | 保存状态 |

在这个例子中，你可以看到高层的需求是提高客户的可用性。而副主题则突出更加具体的需求，通过它们可以实现较大的主题。

现在让我们再看看前几章中提到的花园软管的例子：

| | |
|---|---|
| 主题： | 坚实耐用 |
| 副主题： | 不扭结 |
| 副主题： | 不漏水 |

所以，同样这里的主题和副主题表示产品的需求和需要解决的问题。需求泛指客户没有的东西，而问题指不好用的东西（已有产品中或其他现在正在使用的东西）。尽管这两个术语有细微的不同，但重点在于两者都指客户体验中的空缺或难点。在为产品设计蓝图识别主题和副主题时，记住要从所有角度考虑需求和问题。

Jared Spool转述了本书作者Bruce McCarthy的话，"主题帮助团队保持专注，而无需过早地承诺解决方案，因为过段时间这些解决方案可能就不再是最佳解决方案了。"[注] 正如Spool所指出的，产品设计蓝图制作工作关注客户的需求和问题很重要，因为"功能的可行性可能出现重大变化，但重要的客户问题不大可能变化"。

---

注：*https://medium.com/uie-brain-sparks/themes-a-small-change-to-productroadmaps-with-large-effects-a9a9a496b800*。

通过主题和副主题组织产品设计蓝图有很多得天独厚的优势。其中包括：

- 专注于客户的需求可以帮助团队对不必要的解决方案说"不"。

- 专注于客户的需求可以帮助团队远离你追我赶的竞争，通过专注无人涉足的领域反而可以获得竞争力优势。

- 专注于客户的需求可以让销售和市场更好、更直观地理解产品。

- 清晰的需求定义有利于解决方案的开发。

- 从客户需求着手，开发团队可以更自由、更灵活地考虑解决方案。

- 客户需求一般都比堆积如山的功能列表更精炼，这样做出来的产品设计蓝图更加容易阅读和使用。

以我们的经验看来，很多产品未能获取成功是因为"现在的产品有太多功能，却没有清晰地指明可以解决什么问题。"[注]他们对于客户的需求或问题的理解都不够透彻或有误。我们相信主题很重要的原因之一，是因为在开始考虑解决方案之前，主题迫使你专注需求，并评价每个潜在的解决方案是否可以很好地满足需求。越严格地理解客户的需求，越利于开发正确的解决方案。

---

注：*https://medium.com/uie-brain-sparks/themes-a-small-change-to-productroadmaps-with-large-effects-a9a9a496b800*。

# 发现主题副主题的方法

## 用户旅程地图与用户经验地图

在开发新产品或重新考虑已有产品的时候，发现客户需求的一个好办法是用户旅程地图。用户旅程地图是一个工具，帮助你理解用户在解决问题时所经历的每一步。从用户意识到问题的存在开始，这个旅程记录了他们通过现有的方法解决问题时的每一个动作，当问题解决，用户继续下一项工作时旅程结束。

一个好的用户旅程地图通常记录了大量细节，甚至记录了用户每分每秒的动作、行为和任务。它们可以帮助我们发现处理障碍和难点的机会。这些障碍和难点最终会成为主题和副主题的基础。

如果你想了解更多关于用户旅程的信息，我们推荐James Kalbach的作品《Mapping Experiences：A Complete Guide to Creating Value Through Journeys, Blueprints, and Diagrams》（O'Reilly出版）。

图5-2是一个度假者的用户旅程示例。这是个非常简单的例子，但是可以从中看出，旅程定义了高层次上的阶段，并在每个阶段定义了用户计划旅行时采取的详细步骤。

图5-2 度假者的用户旅程

有时深入用户旅程地图，把所有的用户旅程地图标注到一个体验地图中（见图5-3），会有很大帮助。用户体验地图表示不同客户类型，在不同阶段会采取怎样的动作，还可以梳理出其他维度，如情绪、技术需求等。当我们需要理解所有的行为是如何组织到一起的时候，我们可以建立体验地图。体验地图也有助于验证哪个时间点和机遇是最重要的。

对于理解如何正确探索、理解、以及创建旅程和体验地图，上面提到的Jim Kalbach的书是非常棒的资源。

---

**地产经纪：独行狼Lara**

图例：☐ 主要动作　☐ 功能/建议动作　☐ 激动人心时刻　☐ 阶段改变动作

**角色：经纪** — Lara是一位独立能干的经纪人，每周工作7天，每天24小时。她在一家精品店的经纪人，完全自主。她的主要客户都是经人介绍、社交媒体和Redfin，但是她也通过别的资源寻找新的客户。个人品牌对她极其重要。虽然她技术娴熟，但是她不太愿意花费额外的时间寻求和学习最新的工具，除非投资回报率物有所值，否则她都不感兴趣。

| 用户阶段 | 非用户 | 潜在客户 | 新用户 |
|---|---|---|---|
| 谁是主要责任者 | 公司市场 | 公司销售 | 公司支持 |
| 用户思维模式 | "我在积极寻找解决方案/产品" | "我已经联系了Placester并想了解更多" | "我对听到的很满意，我想试试看Placester" |

**主要动作**

*非用户：*
- 从同事那里听说公司情况
- 上网查询
- 查看社交媒体上的广告
- 在展会/活动上访问公司的展台
- 访问公司网站
- 访问相关的主页
- 【激动人心时刻】看到公司与她现有的工具的不同，因为这些是为房产经纪特制的。他们还提供漂亮的网站，她需要一个新的但是没有时间或金钱去定制一个自己的，他们宣称她能多卖31%的房子，她想了解更多
- 在网上试了一个演示，对手机版的功能很感兴趣
- 在网上与销售交谈，询问更多关于具体功能的信息
- 打电话给公司询问更多信息
- 【阶段改变动作】从同事那里听说公司情况
- 在网上购买她想要的计划，并且能够马上开始使用
- 进入新用户阶段

*潜在客户：*
- 作为注册个人网站或购买计划的一部分，向她询问几个验证身份和收集收据的问题（可能在注册页面/购买引导中?）：提高佣金额度的领域 - 她是单独工作 - 还是团队工作为主 - 潜在客户数量 - 现在使用的其他工具 - 客户来源
- 在网上交谈或打电话给公司时，向她询问几个验证身份和收集数据的问题(Placester加入CRM中?)：提高佣金额度的领域 - 她是单独工作 - 还是团队工作为主 - 潜在客户数量 - 现在使用的其他工具 - 客户来源
- 在注册个人网站几天后收到公司的随访电话，问她对于设定个人网站是否有问题，或其他功能，她能得见却不能访问功能。
- 因为她现在有100多个潜在客户，大多来自头口相传、社交媒体和Redfin，并且她在用ZoHo记录客户，公司可以向她展示如何在一个地方统一管理所有潜在客户，这只需要加入一个新功能。并约定了下次随访电话。
- 公司按照约定的时间打电话又重温了下这个功能。如果客户加入其他功能，她就可以在一个地方管理业务，通过一个简单的工具节省时间和精力。
- 【激动人心时刻】既然她已经开始向个人网站添加素材，向她的账户添加功能，她利用一个工具更容易管理自己的业务，生活更简便，更多时间处理客户。一旦她在3个月内看到投资回报率，投入的时间又非常小的话，她肯定愿意一试。
- 她需要花费在转移联系人的时间最小化。
- 【功能/建议】与Zoho等工具结合
- 最小3个月的购买期可以给她足够的时间来体验通过CRM管理潜在客户，并生成浏览量。

*新用户：*
- 要求公司开启在计划里包含的新功能。她想试试最少升级3个月版。
- 【阶段改变动作】
- 访问公司网站的支持图书馆，寻求关于访问开展活动的最佳方法的帮助/建议
- 打电话给公司支持，因为其中一个社交媒体结合工作不正常

图5-3 用户体验地图

为了让大家更加专注于用户旅程地图的概念，让我们来看另外一个你可能熟悉的产品的例子：知名的拼车创始公司Lyft。一般我们认为，Lyft最初希望解决的问题是在忙碌的城市中通常很难找辆出租车，当然还有其他与出租车有关的问题，比如不接受信用卡、车内很脏、昂贵的收费等。为了恰当地解决这个问题，Lyft的产品团队需要理解城市居民出门的所有经历。为了做到这一点，他们可以创建一个旅程地图，记录用户解决这个问题时的经历。

就Lyft的情况而言，客户的旅程通常需要从点A走到点B。旅程的步骤按照先后顺序可能如下：

1. 搜索出行的方式。

2. 决定采用的出行方式。

3. 使用选择的出行方式。

4. 登上出行的载具。

5. 从A点移动到B点（即交通）。

……直到抵达目的地，开始他们的一天。

我们喜欢用过河来形象地比喻这个旅程地图。想象一下用户站在湍急的水流的一边，正在设法穿过水流而不要掉进水里，他们需要找些石头逐个踩上去，最后安全地到达另一边。不仅如此，他们还会选择最简单最有效的路径。在这个比喻中，你可以想象成水流代表用户的"问题"，而石头代表用户旅程中解决问题采取的每一步。

旅程地图中的步骤圈定了一些区域，你可以通过详细观察这些区域深入理解客户的行为。理解了这些，就可以开始定义每一个需求或工作的细节了。这需要在产品设计蓝图中加入主题和副主题。

## 已有产品的需求

如果产品团队正在改进一个已有的产品，那么可能你对用户的旅程已经有了个很好的理解。或者我不禁想问：真的吗？你有多久没整理过用户旅程地图了？有没有更深入一步，整理出体验地图？每天面对一堆功能请求和利益关系人的要求，我们有时会丢失辨别问题的能力。换句话说，很多产品经理人都会陷入一个圈套，他们接受所有要求的表面价值，而忘了问正确的问题："为什么这个功能很重要？"或者"这可以解决什么需求或问题？"又或者"这对客户有什么帮助？"还有"是否存在更大的问题需要解决？"

对于已有的产品，尤其是在收集和组织反馈时，让团队自行运作很容易。也许多年从事同一个客户的同一个产品让我们变得过于自信，也许只是我们变懒了而已。总之，我们需要关注的重点是理解"为什么"需求或问题值得去解决。用户旅程地图提供了完整的背景信息，对这项工作很有帮助（任务故事和用户故事对于找出"为什么"也很有

帮助，我们会在后面的章节进行讨论）。当拿到一个功能请求时，应该利用用户旅程地图看看这个需求怎样影响到用户体验。它是关键路径中的一项，或者只是锦上添花？如果不解决该需求或问题，是否会对用户的旅程造成很大困难？

在稳定的已有产品上工作的团队不需要从头创建用户旅程，但是你可以进行前后比对，检查需求能否融入用户体验。一旦你掌握了用户如何、在哪里遇到这个需求，你就可以直接和他们合作，验证问题并检验可能的解决方案。定期地回顾用户旅程地图，可以确保它维持最新状态。人是善变的，也就是说你对用户旅程的理解也可能已经过时了。

# 系统需求

截至目前，我们讨论了客户需求背景下的主题和副主题的概念。原因很明显，因为产品就是为了改善客户的生活而存在的！然而，并不是每个需求都来自客户。你必须考虑到"系统"或基础设施的需求，只有满足这些需求，后台以及技术框架才能工作。你需要在产品蓝图上列出这些关键项。一些产品专业人士为了区分这两类需求，称它们为功能性需求（专注于客户）与技术或非功能性需求（专注于技术）。你可以把系统想象成一类特殊的客户。

我们可以把创建一个产品比喻成建造一所房子。产品的基础设施或后台相当于房子的地基、框架、管道和电线。通过这些形式和系统将一切整合在一起才能建造好房子。而地板、窗户、家具和其他成品则等同于前端，客户可以看见并与之交互。到目前为止，我们所进行的关于主题的讨论大多围绕着客户需求，因为客户是你服务的对象。然而基本设施也应当拥有一席之地，才能保证产品正常工作。

让我们来看个简单的例子。2014年Evan的产品开发公司建立了一个移动端的物理治疗应用程序。产品本身的设计是为了代替传统的纸质传单，大多物理理疗师会在看病期间发给病人。这些传单通常是用卡通手法画的锻炼动作图例，通常配有简短但并不完整的说明文字。

这些传单有几个问题。最常见的是病人随手乱放，回头就忘了做锻炼或没动力去做。没有锻炼，病人就得不到治疗。为了解决这个问题，Evan的公司开发了一种移动端交互工具，可以观看练习视频，可以追踪进度、还有可以和理疗师直接交流。

第一版产品发行后，许多客户机构都希望添加病人在应用程序里直接支付服务费的需求。这个客户需求加入到产品设计蓝图中就成了：

**主题**：账单与支付

但是，这个主题需要后台或系统方面的集成。因此，需要加入几个技术方面的副主题：

**副主题**：账单与支付API集成
**副主题**：API集成测试

所以尽管产品设计蓝图首先应当关注客户的需求，但是也请确保你考虑到了基础设施的需求。

## 机遇－解决方案树

许多团队在浏览用户旅程地图或体验地图时，会产生很多想法。解决客户问题的方法有很多，没有一个很好的结构或优先顺序，很快你就会被大量的问题、解决方案、需求和想法淹没。我们会在第7章中详细谈论排列优先级的技巧，但是首先把已有的信息整理成便于管理的框架，这对之后的工作会很有帮助。

Product Talk[注]的产品需求发现指导Teresa Torres为这个问题开发了一套可视化方法，她说这个方法彻底改变了团队做决定的方式。她称这个方法为机遇－解决方案树。我们认为这个方法非常精巧，可以从问题、需求或其他提出的机遇中剥离出解决方案，同时又在逻辑上将它们紧紧连接在一起。

Teresa认为，我们需要从一个清晰的预期成果出发。第4章我们讨论过业务目标，比如增加客户转化率或增加新客户。Teresa在这里提到的机遇，就是我们所说的主题。我们对解决方案和验证解决方案的实验设计的定义是一致的。

图5-4中的这个层次结构与我们在本书中倡导的很类似，从目标、主题和解决方案中进行挑选，以简化决策过程。每个决定都是从若干相似工作项中挑选出来的。顺着这个层次结构往下走，一层接一层，团队可以逐步锁定测试和开发的范围，以便每次解决一个问题。

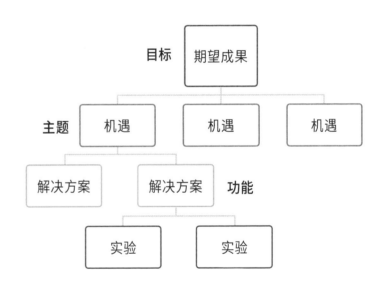

图5-4 机遇－解决方案树的概念

注：For more about the Opportunity Solution Tree see Teresa Torres' blog: *https://www.producttalk.org/opportunity-solution-tree*。

举个例子，假设你是16世纪的一名船长，你的目标是横穿大西洋。路上你可能会遇到一些问题，比如坏血病或海盗。解决这些问题是你的主题。坏血病是很紧急的问题（因为船员已经染病），你需要马上找出解决方案，比如给他们吃橙子或柚子。给他们吃苹果看起来也像是个好主意，但是既然只有橘类水果包含必要的维生素C，那么苹果对解决问题没有帮助，可以放到一边了（看！这就是为什么你永远不要拿苹果和橙子做比较的原因！）。

如果你的目标是船员的健康，那么本例中的主题就呈现出：健康节食、日常运动、船只的清洁。水果是一个解决方案（即功能），而实验是在苹果和橙子之间决定哪个能让船员迅速康复起来。如图5-5所示。

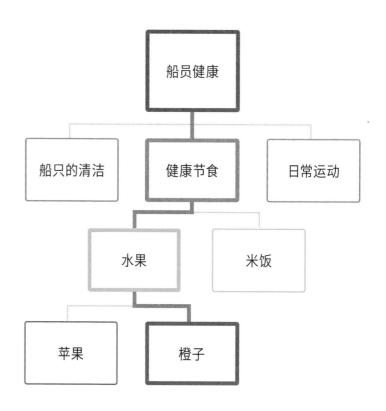

图5-5 机遇－解决方案树的示例

# 利用任务故事和用户故事支持主题

描述客户需求的时候很难不谈及解决方案。为了简化这项工作，许多产品团队使用框架梳理需求背后的原因，证明它的重要性。目的是阻止猜测和避免建立的功能不符合客户真正的需求。这种方法有两个最基本的形式，分别叫做用户故事（来源于敏捷软件开发）和任务故事（来源于jobs-to-be-done框架）。

一般来讲用户故事的格式为：

> **作为一个**［用户类型］
>
> **我希望**［期望］
>
> **以便于**［结果］

任务故事的普遍格式是：

> **当**［情况/动机］
>
> **我希望**［期望］
>
> **以便于**［结果］

每个框架都专注于用户、他们的期望或需求、以及为什么这对他们很重要。主题也是同样的，只是表达了更高层的需求，我们开发了一个类似（但是简化了33%）的框架表现主题。

这个主题的格式是：

> **确保**［利益关系人］可以［结果］

例如：

- 确保用户可以拥有媲美桌面用户的移动端体验。

- 确保用户可以通过社交网络快乐简单地分享。

- 确保用户可以在高峰期正常访问。

如果你熟悉敏捷方法论，那么肯定很熟悉这些。比如敏捷的epics可以分解成下属的用户故事，而我们通过用户故事或任务故事支持主题。这确保我们在确定主题前，清楚为什么每个主题是相关的或重要的。

让我们再来看看Lyft的例子,看看这些概念是如何融合到一起的(见表5-1)。

表5-1
如何将主题分解成任务故事

| 术语 | 定义 | 例子 |
|---|---|---|
| 主题 | 高层的客户或系统需求 | 避免客户感到意外 |
| 任务故事 | 关注客户的故事,提供大量关于客户需求的具体背景信息注。[注] | 当用户赶往重要的会场时<br><br>她需要迅速决定多久能抵达<br><br>以便她决定哪种交通工具才是最佳选择 |

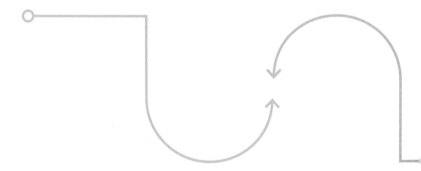

注:*https://jtbd.info/replacing-the-user-story-with-the-job-story-af7cdee10c27*。

# 主题是成果，而非产出

很多产品经理人习惯在产品设计蓝图中列出功能和解决方案，我们知道这些旧的习惯很难改掉。但是当面对一系列具体的交付产物时关键是要问自己为什么。为什么这些很重要？我们能从中收获什么？这些将如何增加公司的财富或提高客户满意度？究竟我们为什么要做这些？

问自己为什么（或者问那个提出要求的人）的过程，实际上是认清所要求的产出与期望的成果间的区别。换句话说，你在试图从这些方法中辨别结果。回忆一下我们在第四章关于目标与关键成果的话题中，讨论了产出与结果的不同。这里的情况类似，只不过我们这里讨论的是主题。表5-2给出了一些例子，你可以参照它们，将解决方案的想法落实到主题中。

将建议的产出转换成主题，可以为其他更好的方案保留可能性。例如，与其用HTML5重新设计整个网站，倒不如将移动端用户喜欢的核心功能移植到原生的iOS或安卓应用程序上。这样一来，工作量可能会减小，而且能更有效地达成主题中描述的成果。

表5-2

如何将产出（解决方案）转换成成果（主题）

| 产出 | 为什么？ | 主题（成果） |
| --- | --- | --- |
| 用HTML5重新设计网站 | 更好地在移动端工作 | 移动端可以拥有与桌面端同样好的体验 |
| 集成Twitter和Facebook | 客户可以通过分享结果推销产品 | 用户可以简单快乐地推广我们的产品 |
| 基础设施的扩展 | 繁忙时期应用程序响应速度慢 | 确保访问畅通，满足高峰期的需要 |

# → 将主题连接到目标

现在你已经理清了需求，并将它们转化成了主题，那么产品设计蓝图开始初具规模，有了一定的实用性。但是在进行下一步之前，你必须将产品设计蓝图中的主题连接到战略目标上。这一步非常重要，因为它可以帮助你专注于正确的事，避免分散注意力。让我们花几秒钟重新回顾下产品设计蓝图的结构层次：

i. **产品愿景**
   需要解决的问题，或给世界带来的变化。

ii. **目标**
   需要在产品的下个版本中实现的高层目标。

iii. **主题和副主题**
   需要实现的客户需求或问题。

你需要努力做的是：确认产品设计蓝图制作过程中的每一步都是递增的，且建立在前一步之上。记住产品设计蓝图是产品建立的基础，所以首先需要找到根本原因。其次每个元素都为下一步提供信息。再者目标帮助你实现产品愿景，而主题和副主题帮助你实现目标。

因此，拥有清晰定义的战略目标，并通过所有利益关系人的同意之后，下一步是确保产品设计蓝图上的每个主题都与目标相关。你可以和团队成员一起认真地审视每个主题或副主题。一个主题可以连接到多个目标。事实上如果一个主题能够同时实现多个目标是件好事。

将主题连接到目标的一个有效方法是给目标上色。图5-6给出了一个"主题卡"的例子。这个卡片上包含了主题所要连接的业务目标。

**主题卡只是一种方式，还可以有别的方式，但是我们觉得这个方法很有效。**

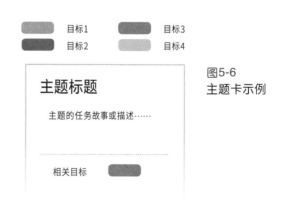

图5-6
主题卡示例

让我们再来看看第四章和上面提到的SpaceX的例子。SpaceX团队的产品设计蓝图中，其中一个主题是"轨道飞行期间补充燃料"，我们可以把这个主题连接到目标"将空间旅行的成本降低到美国普通家庭能够负担的程度。"我们可以想象轨道飞行期间补充燃料是有效的考虑重点，一旦成功就能降低飞行的成本。图5-7给出了卡片的另一个版本的格式。

如果产品设计蓝图上有的主题没有对应的目标，那么这就是个警告信号。这点很关键，我们再重申一次：产品设计蓝图上的每个主题都必须对应至少一个战略目标！如果你在将主题连接到目标的时候遇到困难，那么请花点时间带着疑问重审主题，和团队一起看看这个主题是否应该出现在产品设计蓝图中。有时候你可能只是需要重新组织结构或语言。或者你需要把这个主题移到产品设计蓝图的另一栏，等下期再重新考虑。

我们需要强调的最后一点是：每次产品设计蓝图有大的改动时，必须重新审核和考虑目标。举个例子，当你准备将一些工作从"近期"移动到"现状"一栏，或从"将来"那一栏拿到"近期"的时候，最好重新考虑你的目标。这么做的原因是因为随着时间推移，你的战略目标会发生变化。业务或产品可能已改变，一些目标可能也已过时。或者，也许某些目标已经得到了充分的解决，你需要侧重于其他事情。不管怎样，产品设计蓝图每次的版本升级首先都需要重审产品愿景和战略目标。然后将主题连接到目标确保朝着正确的方向前进，增加产品为业务、客户、科技、以及其他方面提供真正价值的可能性。

**轨道飞行期间补充燃料**

宇宙飞行器飞往火星或从火星回来时，需要在飞行轨道补充燃料，降低加载的燃料量并防止发生延误。

**相关的目标：**

将空间旅行的成本降低到美国普通家庭能够负担的程度

图5-7
使用主题卡将SpaceX的主题连接到其中一个目标

# 现实世界的主题

## 高成本的空间旅行

我们在第四章的案例学习中给出了Elon Musk火星计划的产品设计蓝图，他发现了阻止人们移民到火星的核心问题是成本。为开发低成本的星际交通工具系统，他的产品设计蓝图不得不将去往火星的成本降低百分之500万。听起来很疯狂，且SpaceX团队还没研发出这项科技，但是在宣布这个产品设计蓝图时，他们找出了必需的工作内容。Musk的产品设计蓝图上的主题就是下面四个需要解决的问题：

- 完全可重用的宇宙飞行器。

- 轨道飞行期间补充燃料。

- 在火星上生产推进燃料。

- 正确的推进燃料。

光是想想去别的行星定居就觉得好刺激，但还是让我们来看看更多地球人的产品设计蓝图中的主题吧。

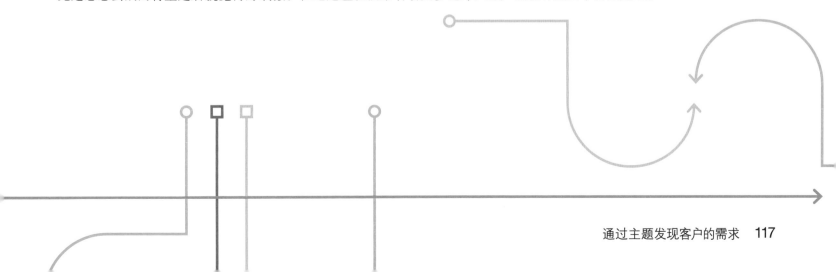

## Slack基于主题的产品设计蓝图

有名的聊天软件Slack最近也在Trello发布了面向公众的产品设计蓝图，如图5-8所示。

其中，尚未发布的功能的细节很少，各项的名称和描述都是根据目标选择的，没有过多具体的交付。"最新的应用程序开发"和"深层集成点"等工作项在决定最佳解决方案和处理每个问题的设计上为团队留有余地。也有一些比较具体的工作项，比如"高级链接预览"。

然而，"关于蓝图"的卡片清楚地交待了Slack的关注点，他们说产品设计蓝图"表明了平台的开发计划，并描述了使用工具和Slack进行交互给开发者带来的受益。"

他们还说"我们需要强调在平台的产品设计蓝图中有三个主要的主题，"包括发现应用程序、交互性和开发者的体验。他们还解释了每个主题的目标，比如"我们想帮助客户发现更多正确的应用程序，更好地利用他们已经安装的应用程序。"产品设计蓝图上每一项都标记了一个或多个主题，以表示为什么此项对于选择它们的客户、应用程序开发者如此重要。

Slack的产品设计蓝图用很少的细节有效地交待了服务对象、他们的侧重点和原因、以及恰到好处的细节描述交待了卡片的内容，让大家对他们的前景充满信心。

他们能做到这一步是因为他们了解客户，知道客户的期望。产品专家和战略家Sarela Bliman-Cohen说，"为了拥有一个好的产品设计蓝图，你需要看看所处的市场。你需要找到成功的突破口。一旦明白了所处的市场，你就可以建立一个主题式的产品设计蓝图。"

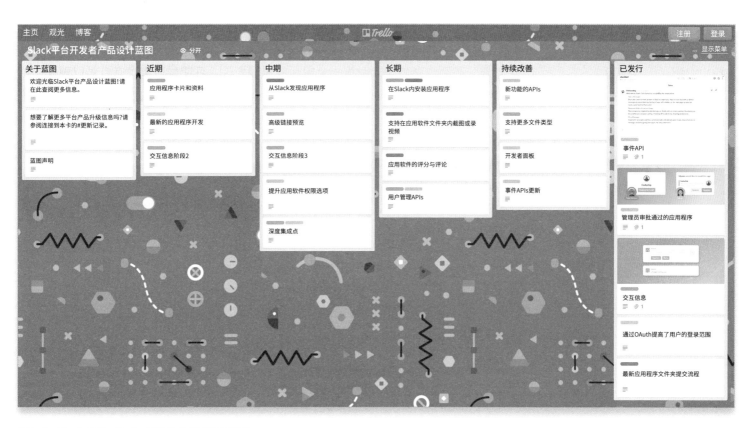

图5-8 Slack在Trello上公开的产品设计蓝图

## 某国政府带有绩效的甘特图

某国政府提供在线服务，帮助某国市民查询政府服务和信息。他们在ProductPlan里发布了2016年至2017年网站的产品设计蓝图，如图5-9所示，这个产品设计蓝图很好地在主题中组织了大量细节。

每个主要的白色区域描述了长期的主题，例如"融合网站的服务内容"，每个主题包含几个副主题，比如"改善标记、导航、搜索和通知系统"。他们在尝试表现更多细节、描述计划工作的价值，以便外界更好地理解（尽管其中还包含了一些科技术语）。

如果你单击其中一个副主题，它会向你呈现这个阶段的工作所支持的目标（见图5-10）。许多副主题，比如"探索至PaaS的转移"，"Alpha上线：转移至PaaS"，"转移第一个前台应用程序"，可能普通市民有点难以理解，但是你可以大致了解项目的进展，我们鼓励这种公开透明的尝试。这些额外的细节描述了每个工作项的状态，这是产品设计蓝图中一个非常有帮助性的部分。我们会在第6章中深入讨论这些细节的使用。

图5-9 某国政府在ProductPlan
中发布的蓝图

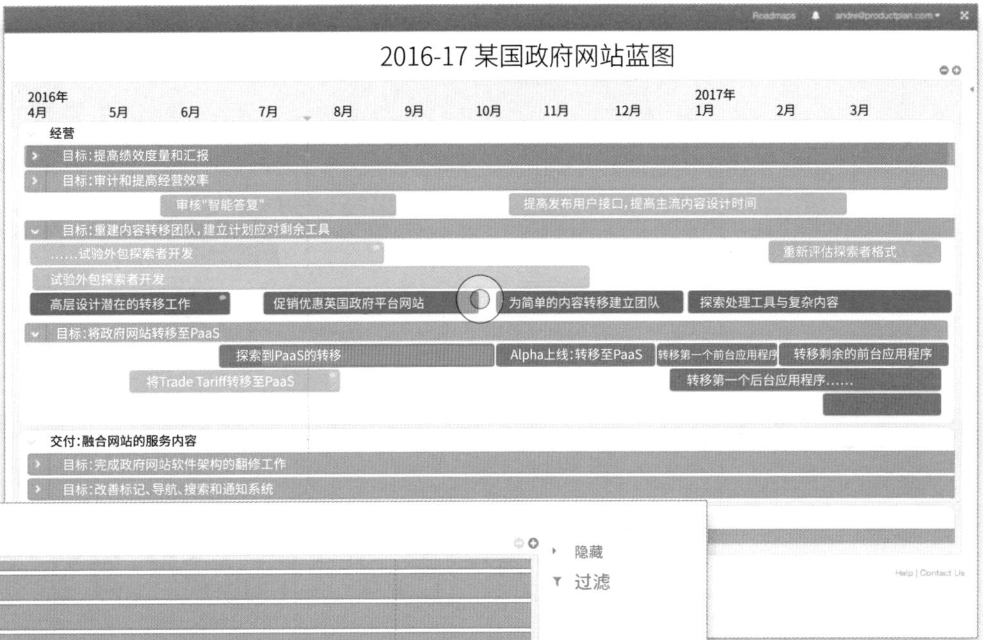

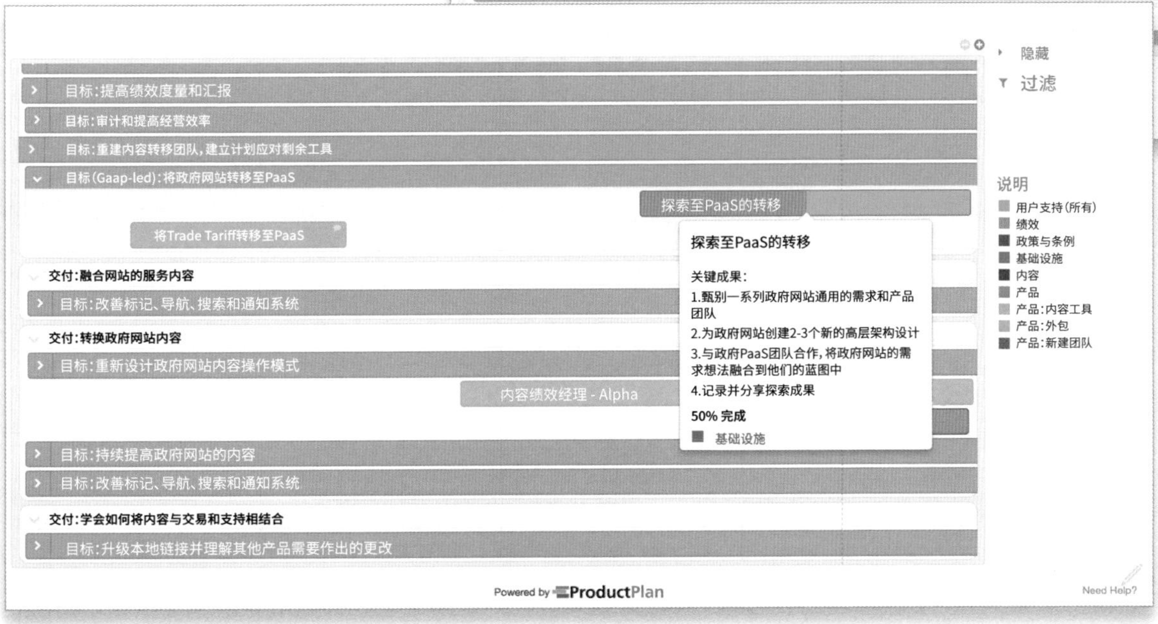

2016-17 某国政府网站蓝图

图5-10 某国政府网站其
中一项目标的扩展，显
示了这个阶段的工作如
何支持该目标

主题是客户需求的表现。

不是功能。

# 小结

发现用户的需求对产品设计蓝图的制作至关重要，因为产品本身存在的意义就是为了帮助客户。所以，产品设计蓝图上的绝大多数工作项都应当专注于服务客户。

用户旅程地图可以用于列举出用户处理问题的过程。仔细观察这些旅程地图可以帮助你理清客户的需求。在验证了这些需求之后，你可以将它们作为关键主题或副主题加入到产品设计蓝图。接下来，通过任务故事或用户故事支持这些主题和副主题。利用任务故事支持主题可以帮助你交叉检查和验证它们对客户的重要性，以及这些解决问题所带来的价值。最后，请确认产品设计蓝图上的每个主题或副主题都与一个战略目标相连接，为产品的整体目标做贡献。

我们一再重申一点：定义主题和副主题的时候，紧紧围绕需求。我们相信你已经迫不及待，想要开始头脑风暴解决方案或草拟各种创意。一定要抵挡住这种诱惑！此阶段一定要全神贯注于需求。定义解决方案是下个阶段的工作，如果你很自信为什么要实现这些解决方案，那么开发工作会更有趣更有效率。

# 第6章

# 深化产品设计蓝图

**本章中，我们将学习：**

主题如何与功能协同工作。

开发阶段的使用。

如何表达自信度。

识别目标客户。

# 6

## 深化产品设计蓝图

# 背景信息能够帮助你减少解释产品设计蓝图的时间,把更多时间留给实施。

次要组成部分能够帮助你花更少的时间解释产品设计蓝图中的每一项。

在第二章中,我们介绍了产品设计蓝图的主要和次要组成部分,以及一些可以提供背景介绍的补充信息。截至目前,我们关注的主要组成部分包括:

- 产品愿景。

- 业务目标。

- 主题。

- 时间表。

- 声明。

本章中,我们将大致了解如何通过下列次要主题提供更多细节,增加产品设计蓝图的清晰度、可读性,以及为利益关系人提供的价值:

- 功能与解决方案。

- 开发阶段。

- 自信度。

- 目标客户。

- 产品区域。

尽管我们认为这些额外的构成部分是"次要的",因为即便没有这些部分产品设计蓝图依然有价值,但是加入更多细节能够让蓝图更加容易沟通,很大程度上帮助你赢得认可和统一意见。这意味着你不必花太多时间解释蓝图,把更多时间留给实施。请参考第9章根据不同的观众,如何将这些组成部分正确地组织到一起。

另外,这些附加信息能够帮助你更加深刻地思考产品设计蓝图上的每一项。我们在第5章中曾提到,很多产品经理人走入一个误区:根据直觉或因利益关系人的要求将功能混入产品设计蓝图中。这个常见的错误往往导致开发走入歧途,产品偏离航线。然而,本章中提及的这些组成部分,可以鼓励你和团队成员在关键时刻提问"为什么",并帮助你针对产品设计蓝图中的每一项进行强度测试。

# 功能和解决方案：如何与主题协同工作

如果主题代表客户最重要的需求或待解决的问题，那么功能或解决方案则是需要建立或实现的内容。尽管我们倡导在产品设计蓝图制作过程中专注于客户的需求，然而有时也可以在蓝图上适当地对一些解决方案做出解释。本节我们讲解如何将主题与功能成功地相结合。

## 什么时候以及为什么产品设计蓝图上需要提及功能

即便你完全接受以主题为基础的产品设计蓝图的概念，有时也会发现很难避免提及一些功能或解决方案。这很常见，关于这种情况发生的时间点和原因，我们总结了几种模式。下面列举了三种情况，解释为什么解决方案出现在以主题为基础的产品设计蓝图上。尽管我们设法避免这种现象，但是必要的时候我们也无法杜绝。当然还有别的原因造成这种现象，但是在这里我们集中讨论下列最常见的三种情况。

### 可行的解决方案

首先，有些团队会在产品设计蓝图中加入"可行"的解决方案。这并不意味着他们已经决定了最终的解决方案，只是一些解决方案很明显。列出明显的解决方案并不能动摇测试和验证的必要性，但是有时它可以为探索实验提供一个有利的起点。

让我们回顾下前一章中提及的Evan的移动端物理治疗师应用程序。你可能记得他们在产品设计蓝图上加入了一个叫做"账单与支付"的主题。除了第5章中提到的技术副主题外，团队成员还找到了别的副主题，包括：

**副主题**：开发票
**副主题**：追踪状态

了解了这些需求后，团队觉得QuickBooks是这些需求的一个可行解决方案。尽管这个备选项还没有得到完全的审查和验证，但是基于之前的工作经验团队很自信，所以他们把它作为可行解决方案加入到了产品设计蓝图。

## 基础设施的解决方案

其次，基础设施的解决方案经常出现在产品设计蓝图中。你还记得第5章我们提过，产品设计蓝图不仅包含客户的需求，还需要考虑底层的技术。基础设施的需求往往由内部的工程团队决定和审核，通常不需要利益关系人和外部人员的验证。至于协议和功能与优化的工具，我们相信工程师可以做出合理决定。这就是为什么往往系统级别的需求可以很快过渡到解决方案的原因。

举例来说，我们可以加入一个关于搜索的解决方案，比如"Solr原型验证"。团队知道他们想用Solr作为底层的搜索引擎，所以他们愿意将其作为副主题加入到产品设计蓝图。对于那些经过验证的解决方案，你也可以加入到产品设计蓝图中。

## 遗留的解决方案

第三个常见的情况是遗留下来的解决方案。这种情况下，从上个产品设计蓝图或发行计划中遗留下来一些东西，一般来讲是因为团队没来及或没有资源实现。我们称之为遗留的主题或功能。如果没能在前期交付，那么我们只好把它们作为副主题加到产品设计蓝图的下个版本。

我们在第1章和第2章讨论过，产品团队不可能精确地预测可以完成的工作量，所以有东西遗留下来也很正常。

## 功能会出现在产品设计蓝图的什么地方？

当向产品设计蓝图添加功能的时候，保留它们出现的背景信息很重要。我们不可以用解决方案替换蓝图上的主题，也不应该让功能和主题并排显示。我们认为最好把功能作为副主题，以清楚地表示这个功能要解决的问题。请记住，副主题是更具体的需求，比起高层主题表述的需求，通常它们能提供更多的细节。

图6-1中，我们再次使用了物理治疗师的例子，你可以看到产品团队拥有三个副主题。前两个是基于需求的，但是第三个明确列出了将PayPal作为可行解决方案。如例所示，副主题可以基于需求，但是适当的时候也可用于呈现已知或可行的解决方案。

```
主题：
账单与支付

副主题：开发票

副主题：追踪状态

副主题：集成PayPalAPI
```

图6-1 副主题可以与需求相关联，也可以与可行或已知的解决方案相关联

### Buffer的基于功能的产品设计蓝图

社交媒体分享工具Buffer将网络分享带到了一个新高度，公开收入、薪水、多元化，最近他们公开了产品设计蓝图，如图6-2所示。与我们之前分享的Slack的例子一样，Buffer也使用Trello交流他们的工作和计划。只不过这个产品设计蓝图中的每项都非常的具体，接近交付计划。"暂停按钮"和"允许商业客户建立多个管理员"等标签基本没留什么空间做调研或实验，也没有描述需要解决的问题、需要完成的工作、或提供给用户的价值。

Buffer非常透明，允许客户评论，甚至可以为各个功能投票（见图6-3）。Buffer还征求关于功能的建议，大家可以轮流查看、评论，以及投票。

很多产品经理人和我们一样，非常谨慎地与客户分享这个程度的细节。早期阶段，当具体细节还不确定的时候，通过问题、需求、需要完成的工作、或其他方法界定主题通常就足够了。

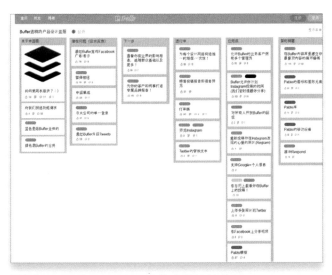

图6-2 Buffer在Trello上公开的产品设计蓝图

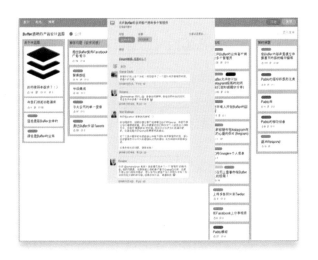

图6-3 Buffer允许客户查看、评论、和投票每个功能

## 关于功能的问题

当决定是否要在产品设计蓝图中加入功能的时候，可以问自己以下几个问题：

- 我们是否充分理解了需求和可行的解决方案？对可能的解决方案是否很自信？

- 我们是否有从上次发行中遗留下来、已得到验证却没来得及实现的解决方案？

- 我们是否有已验证的基础设施的需求？

- 我们是否有负责决策的利益关系人指定的必须完成的工作？

- 这个解决方案有多大可能被改变、延迟、或从日程计划中撤下来（即你对这个解决方案有多少自信）？

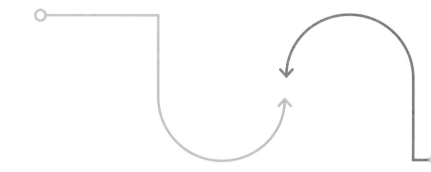

# 使用开发阶段

产品在向公众发布前，通常需要经历开发过程中的几个阶段。不同的行业和不同的公司使用的术语不同，但通用的有调研、市场调查或研发阶段，之后是设计、测试或建模等阶段。然后是开发或准产品等阶段。软件开发业内，经常把第一版发行称作alpha和beta或者抢先体验，在这个阶段内只允许部分客户测试产品并提供反馈。阶段的标识清楚地向团队和利益关系人表达了每个需要解决的需求的进展状况。2017年早期，Evan和C.Todd在Spotify产品团队工作，寻找机遇改进产品设计蓝图制作流程。在研讨会上，Spotify的一个产品经理分享了她的产品设计蓝图。她在蓝图上把每项工作标记成"想法""完工"或"调整"。她的团队通过这种简单的方式，向所有利益关系人展示了产品设计蓝图上每一项工作的阶段。当利益关系人看到某项工作标记为"想法"时，就知道这个主题尚在考虑或探索中。

这个例子中另外一个有趣地方是，这些状态标签帮助她们区别主题和功能。如果工作项标记为"想法"，那么就很明显此项还没有得到解决，因此它是一个主题。如果工作项标记为"完工"或"调整"则表示解决方案已落实，因此可以作为功能。这个例子很好地示范了团队如何在产品设计蓝图中利用状态提供额外的信息。

## 关于开发阶段的问题

当决定是否可以在产品设计蓝图中包含开发阶段的时候，问你自己以下几个问题：

- 主题或功能是否需要进入各个开发阶段？

- 如果需要，开发阶段所需的时间是否超过了产品设计蓝图中的时间表？

- 这个程度的细节是否有助于管理利益关系人的期望（考虑下自信度就足够了。接下来就会介绍自信度的话题）？

# 表现自信度

为了百分之百地确信我们有能力解决产品设计蓝图上的某一项工作，或者某个具体项依然是接下来几个月的重点，我们不得不预测未来。既然没人有预测未来的能力，那我们不得不冒险地说我们对产品设计蓝图上的一切没有百分之百的自信。通常产品设计蓝图是战略工具，上面记录了我们认为对利益关系人很重要的工作项。虽然这些信息在加入蓝图前经过了审查和验证，但是谁又能说百分之百没问题呢？

在某种程度上，产品设计蓝图的时间表显示了你对于处理每一个主题的自信程度。一般来说，自信程度最高的工作项在最近的一栏，而随着时间表渐行渐远你的自信程度也逐渐衰退。

但是，即便产品设计蓝图上的时间表暗示了自信程度，我们也常常在每一栏加上自信度。举例来说，我们可以将"现状"一栏标记为自信度75%，近期是50%，而将来只有25%。这些自信百分比代表了我们对时间表中交付产物的确信程度。

预测指数使用类似的东西（递减条）来表明，随着时间表渐行渐远，产品设计蓝图上工作项的确信程度也大大降低（见图6-4）。

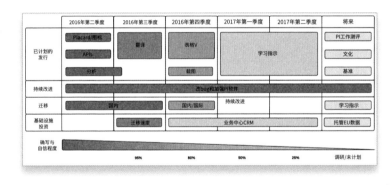

图6-4 预测指数使用递减条来表示随着时间表渐行渐远，产品设计蓝图上工作项的确信程度也大大降低

一些产品经理人喜欢在每个主题和副主题上加入自信预估值。如果细化到每一项对团队有帮助，那么给产品设计蓝图中的每一项加上自信度也很不错。我们觉得给每一栏设置通用的"临界值"是最好的方法。比如，"现状"这一栏代表70%到95%的自信预测值，那么应该给栏中的每一项分配这个范围内的自信值：

现状（70%~95%）
- 主题1：95%
- 主题2：85%
- 主题3：80%
- 主题4：70%

最后，有些产品团队喜欢在"现状"这一栏中加入自信值分割线（见图6-5）。这种方法可以将团队非常有信心能在下期发行中做完的内容放在分割线之上。分割线之下的东西是附加项。如果能做完，非常好，加分！如果做不完，也没有坏处。团队可以简单地把没做完的留给下一期或下一版蓝图。

## 关于自信度的问题

当决定是否要在产品设计蓝图中包含自信度的时候，问你自己以下几个问题：

- 产品设计蓝图是否包含具体的时间表，例如：月、季度、或年？

- 产品设计蓝图是否显示了你不愿意承诺的、遥远的将来的主题或功能？

- 你的开发团队是否经常提前交付项目？

- 你的利益关系人是否认为写在产品设计蓝图上的东西就是承诺？

- 你是否已经包含了开发阶段信息，是否已经足够表明确信度？

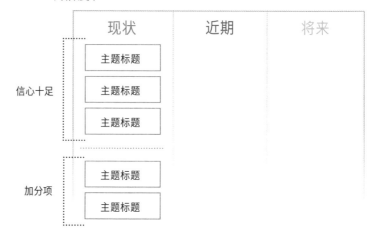

图6-5 如何在产品设计蓝图上显示自信度分割线

# 识别目标客户

很多时候产品服务多种客户类型。举例来说，你着手解决一个关于教育的问题，你的产品需要考虑学生、教师、管理以及家长。另外，产品的用户可能和买家不是同一个人。如果你想为多个客户类型服务，为产品带来更多价值，那么最好先判断出哪个主题或功能适用于哪种客户类型。

你可以在产品设计蓝图上简单地标记每个主题的相关客户类型（见图6-6）。有些团队在产品设计蓝图中为用户类型创建单独的一格或一列，以便更清晰地进行划分。

判断客户需求的时候，应当考虑产品服务的所有角色或人物（还记得第三章中讲到的这个术语吗）。让团队在每个主题上标记客户类型，确保你在正确时间专注于正确的客户。

## 关于目标客户的问题

当决定是否要在产品设计蓝图中包含目标客户的时候，可以问自己以下几个问题：

- 不同的客户类型是否有不同的需求？

- 在不同客户类型的需求间建立平衡是否很重要？

- 反过来，是否有一个或两个客户类型比其他更重要？

- 表明客户类型是否有助于引导利益关系人的对话？

图6-6 为产品确定相关的客户/用户

# 标记产品区域

类似的，在产品设计蓝图中标记产品区域，可以帮助你确认是否覆盖了产品的基本功能。软件产品包括界面、平台、管理和API等区域。我们的花园软管类的产品可以有天气状况、外部龙骨、送水渠道和接口等。

每个区域都有开发阶段等不同细节，但是更重要的是每个区域必须在蓝图上得到足够的关注，这样所有区域合在一起，组成的产品才能满足客户的需求。每个区域还可以有不同的业务目标。

可以通过与标记目标客户或开发阶段相同的方式，用颜色、文本标签或不同的行在产品设计蓝图的主题和功能上标记产品区域。请注意不要加入过量信息，认真想想哪个标签对你的利益关系人最重要！第九章我们将详细讲述各位利益关系人最关心的信息。

## 关于产品区域的问题

当决定是否要在产品设计蓝图中包含产品区域的时候，可以问自己以下几个问题：

- 产品设计蓝图是否由不同的区域或组成？

- 每个产品区域是否有不同的业务目标？

- 展示需要完成的工作是否对提高所有区域都很重要？还是说某个区域格外重要？

- 清晰的划分产品区域是否有利于引导利益关系人的对话？

## 次要组成部分小结

# 寻求平衡

以上我们列举的可选组成部分是可以加入到产品设计蓝图中的补充信息，旨在加强内容，让蓝图更好地服务利益关系人。

我们发现每个组成部分都有其价值，但是我们鼓励你多尝试。根据你特有的团队、产品和生态环境选用合适的组成部分，并尝试结合不同的部分，充分考察哪些对你的团队最有用。也许有些部分在产品生命周期中的某个时间点最有用，而有些则不然。尝试产品设计蓝图中应该包含哪些信息，还可以帮助你发现其他我们没有考虑到的有价值的组成部分。

在向产品设计蓝图添加细节的时候，一定要切记寻求平衡。太多细节会让蓝图很难阅读或冗余。但是细节太少则蓝图不完整，造成困惑，让利益关系人失去信心。这种状况一旦发生，利益关系人产生的问题和顾虑会层出不穷。

我们发现选择这些额外的组成部分，可以提供很好的平衡，不会太多，也不会太少。这些元素成功的检验了每个抉择，并照顾到各个方面。一个经过详细审查和组织良好的产品设计蓝图，能够提高沟通、增加团队成员的自信、并最终建造更好的产品。

# 小结

本章我们学习了什么时候将解决方案或功能融合到以主题为基础的产品设计蓝图中。尽管我们倾向于保持蓝图专注于需求，但是我们知道有时候我们需要加入功能和解决方案。通常我们把它们放在副主题的位置，确保主题的原因保留在蓝图中。

我们还讲到可以在产品设计蓝图中标记额外信息，比如开发阶段、自信程度、目标客户和产品区域。这些额外的信息迫使你认真地考察每一项，为利益关系人提供足够的背景信息回答他们的问题、打消他们的顾虑。这些细节的准备工作做得越充分，你与利益关系人的交流就越顺畅、越容易赢得认可。

下一步我们要开始划分优先顺序，帮助你将一切管理的井井有条。第7章我们将具体讨论，一起来看看吧！

第7章

# 用科学的方法排列优先级

本章中,我们将学习:

为什么优先级至关重要。

常见的排列优先级的错误方法。

五大排列优先级的框架。

使用评分方法决定产品的局限性。

# 7

用科学的
方法排列
优先级

# 如果没人对你的决定有异议,那岂不是太好了?

本章中,我们将详细讨论五大排列优先级框架,以及选择它们的理由。

借助目标和优先级的方法,可以帮助利益关系人专注重要的事项,并统一意见;也可以帮助你赢得认可,并帮助你建立一个鼓舞人心的产品设计蓝图。这是一项科研工作,你需要一件白大褂开始工作。

Brenda从销售区的办公桌前冲了出来,她显然非常兴奋。她发现了一个机会,本地的一家合作公司愿意将公司的免费试用品发送给几千个客户,她深信这是快速赢得新业务的捷径。录制试用光盘很便宜,所以只需要我同意,她就可以制作一些合作品牌的包装材料去打包光盘,我们也许可以举行一次说明会,并投入一些电话销售代表跟进这些潜在客户。这几乎是免费市场,不是吗?

但是,我没有同意。我跟Brenda解释了为什么这不符合我们的战略,并指出了她的销售工作可以把重点放在哪些收益点上。我们公司使用免费的试用光盘去吸引小企业已经很多年了。根据我们的计算分析,这不是一个进入高利润市场的方式。虽然我们没有准备好淘汰SMB业务,但是很显然我们需要提升市场。

我和Brenda坐下来,重新确定了那天以及之后一年内她的工作方向。我给她看了我们计划的工作优先级列表,以及背后的潜在战略目标,这一点很重要。根据预估的目标收益以及预估的工作量,我们对表上的每项进行了排序。

通过这个模型,她明白了虽然扩大客户的工作量不大,但对我们新的战略目标(吸引大客户)并没有帮助,而且有可能不利于我们的客户转化率,对于我们总体的收益也不会有太大影响。Brenda似乎对于我能听取她的意见感到很高兴,但作为一个聪明的销售人员,她也明白了公司目标的转变,并重新调整了寻找客户的方向。

一年以后,Brenda被评为我们公司第一个全国销售代表,并成为薪酬最高的销售。不久之后,我们扩大客户的行动使公司的收益翻番,并提高了公司的最终收购价格。

——Bruce McCarthy, 2010

# 为什么优先级至关重要

## 机遇成本

在以上Bruce的案例学习中，为什么公司不能在扩大客户的同时采用Brenda的低成本建议发展小客户？答案就在于机遇成本，把Milton Friedman (和 Robert Heinlein)的话直译过来就是,天底下没有免费的午餐。

长期的经验告诉我们，你永远无法做完所有想做的事情，有时可能连最基本的部分都做不完。资源是有限的，优先级会变化，高管层也摇摆不定等。如果你没法一次搞定所有事情，那么请确保在情况发生改变或资源被重新调配前，把最重要的部分先做。如果你现在不做最重要的事情，那么过了这个村可能就没这个店了。

事实上，这个情况对优先级和产品设计蓝图太重要了，所以我们制定了一个规则，或者说是天条（以示其强制性）：

请假设你随时可能不得不停止手中的工作。

这个规则是精益创业的精髓，Eric Reis在著作《The Lean Startup》（Crown Business出版）一书中指出，创业失败最大的原因，是他们在发现可靠的业务模型前耗光了资金。

你可能会说你又不是在一家创业公司工作。或许你就职的公司是一家资金充裕的中型企业，又或者是世界五百强的大企业。你清单上的资源对他们来说不过小菜一碟，对吧？但是问题在于，在这样的大公司，你的项目必须与其他有好的创意的执行团队相竞争。所有的项目都处于随时可能被取消或裁员的风险之中。

如果你的投资被别人更好的创意拿走了，你怎么办？所以你需要果断地排列优先顺序，首先做完最重要的事情，然后尽快开始展示价值。机遇成本给我们的警示是，如果你总是选择做别的事情，那么你永远不会有机会做重要的事情。

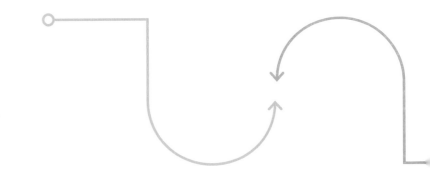

## 新奇事物综合症

我们可不可以并行做多件事情？如果资源充沛，为什么Brenda的公司不让她继续她的小项目，与支持大客户同时进行？

我们接触过很多公司，其中有些就像这家公司一样刚走出创业阶段，有些已经被收购或拿到了投资，或已盈利正在设法扩充产品线或扩展市场，但是很多这类公司的运营都缺乏重点。他们或者有一百个工作项都有相同的优先级，而他们的CEO天真地以为可以并行推进这些工作；又或者他们的优先级每天、甚至每时每刻都在不停变化。这些创始公司的CEO以为这是迅速向市场机遇做出回应的表现，开发团队却在私下称之为"新奇事物综合症"。

因为开发者本能地知道每项开发工作后面都隐藏着巨大的成本。你可以建立新功能，赢取目标市场中不同的环节，甚至可以想办法低成本迅速建立这些新功能，可是然后呢？

每个你建立的功能都有维护成本。对于每个新功能，你可能必须经历：

- 每次发布新功能的时候，你需要在每个运营环境中重新测试这个功能，必要时还要进行修改。

- 将新功能录入到相关文档中。

- 为新功能创建培训资料。

- 处理来自客户的支持请求，或培训支持团队处理。

- 想办法在价格中体现这个功能。

- 想办法演示和推销这个功能，以及培训销售团队。

- 想办法决定这个功能的市场定位，以及培训市场和渠道团队。

对于公司来说，能以核心功能和目标市场为中心处理好以上工作就很不容易了。如果为了应对各种非战略客户环节中的所有小客户，他们还要重复以上工作，这种干扰的成本是巨大的，或许你可以不在乎，但是重点在于，增加这些额外工作意味着每项工作的速度都会减慢。这些额外的工作意味着同时做两件事情，这会让每项工作的耗时加倍，并且一般来讲还有沟通、协调、切换注意力所造成的消耗，所以实际工作的效率会更低。

## 测试矩阵的指数增长

你是否曾经注意到团队开发的功能越多，下次开发的时间就越长？为什么呢？我们提到了很多因素，但是测试矩阵是最大的原因。随着功能的增加，测试的负担也越来越重，不仅要测试单个功能，还要进行每个功能与其他功能的结合测试。软件开发界通常称之为"回归测试"，不幸的是这种测试矩阵随着功能（或模块、或与第三方的兼容性）的数量成指数型增长。

这意味着什么？你可以这样想，如果你有1个功能，那么你只需要测试这个功能。如果你有2个功能，那么你必须分别测试它们，并且你要做二者的结合测试，所以你一共需要做3次测试。如果你加入第3个功能，那么测试的次数会增加到7次。到目前为止，你觉得还好吧，但是从这里开始测试次数会急剧上升，每加入一个新功能，测试次数大概会增加一倍（用数学公式表达就是$2^n-1$）。那么5个功能的测试矩阵是31次，10个功能就是1023次。而如果你的产品有11个功能，那么一共需要进行2047次测试（也许这就是为什么Nigel　Tufnel的吉他放大器最大只到11的原因吧）。

在实际工作中，测试团队不可能每次都手动运行所有的结合测试，所以需要自动化和抽样测试帮忙降低工作量，但是基本上你可以看到维护功能与性能的间接工作量随着功能数的增加增长速度有多快了（见图7-1）。

Brenda没有提议增加功能，但是她的建议需要公司分散注意力，去一个已被证明投资回报率很低的市场做营销、销售、支持，甚至还需要开发新功能。

对付新奇事物综合症的办法就是专注。如果你专注于一个战略目标，为一群目标客户解决一系列问题，那么就可以减少其他不良决定的拖累，也会减少注意力分散。

现在你相信优先级对成功至关重要了吗？我们希望如此。接下来是如何进行优先级排序，让我们先看一些错误的示范。

## 功能与测试

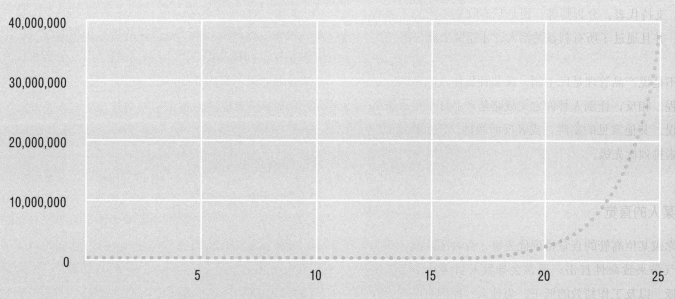

图7-1 根据功能数量测试矩阵成指数型增长

# 排列优先顺序的常见错误

一个优秀的产品经理人会花费大量时间收集数据，从而更好地组织需求和优先级。他们和各类人谈话，包括客户、潜在客户、投资人、合作伙伴、各个部门的管理层、销售人员、支持代表、分析师等。但是只有收集了所有正确的信息，并且通过了所有利益关系人，才能做出最佳决定。

这并不是说产品管理是民主制，或某种集体式的共同决定的过程。相反，让别人替你定义战略是产品计划中最常见的错误。其他常见的陷阱，或者反面教材，还包括根据下列因素排列优先级。

## 你或某人的直觉

仅靠你或某位高管的直觉排列优先级，会对团队的生产力和士气带来致命性打击，通常会导致人员流动率高、生产力低、以及工作绩效的低下。为什么？原因有两个。首先，缺乏严格地分析意味着遇到问题时，高管层很有可能改变主意，刚刚很自信地宣布X是公司的未来，没过几天又信誓旦旦地宣布Y才是更好的未来。其次，虽然公司的CEO或管理层中有人和客户关系很好（甚至在某些时候

就是客户），但是他们积累的经验与现状有所不同，或者可能他们不再接触市场。

产品经理人必须学会把管理层的个人观点作为收集的信息，需要经过严格的审查，理解管理层想解决的问题，判断解决这个问题是否与产品战略相符，以及他们建议的解决方案是否是最佳方案。尽管他们的想法不错，但是我们常常需要很有礼貌地向他们解释为什么其他工作更优先。

## 分析师的意见

你通常比分析师更加了解你的业务和客户，不要盲目听信他们的判断。21世纪初，分析师曾预测，由于供应链的限制，平板显示器的价格将长期高居不下。这在逻辑上虽然没有错，但这只是根据当时的趋势做的预测，谁又会想到市场上出现了一些大规模的中国生产商。几年前能卖到1000美元的显示器如今已经降到不足200美元。花点时间自己动手做调研和分析，更好地掌控发展趋势。

## 受欢迎程度

我们认为无论在任何情况下，把产品战略全权委托给客户都是个错误。没经验的产品经理会根据客户的规模或要求的频率，对功能请求进行排名。乍一看来，这样做不无道理。客户要什么就给什么不是很好嘛？但是问题在于客户经常说不清楚他们对产品的期望。所以有经验的产品经理人会设法弄明白客户和他们的需求，这与直接询问客户他们想要什么有本质上的区别。

Steve Jobs一贯的做法是无视市场的调研，他说，"很多时候，人们并不知道他们想要什么，直到你演示给他们看。"这么说可能把这个问题过于简单化了，但是他的说法与我们的经验有着共鸣。如果产品设计蓝图完全遵循客户的要求，那么做出来的产品往往没有重点、市场定位模糊、实用性很差。如果你能通过客户源源不断的功能请求列表，找到其中隐藏的潜在问题，那么你和团队就可以开发出一套优雅的解决方案，从根本上处理好所有的请求。

## 来自销售的请求

Silicon Valley Product Group的创始人Marty Cagan说，"你的工作不是记录功能请求和对它们进行排序。你的工作是交付有价值、实用和可行的产品。"从销售团队收集信息是个聪明的做法，因为他们深知买家的想法以及如何吸引买家的眼球，但是以提高本季度的签约为基准排列优先顺序，目光也未免太狭隘了。或许可以帮助销售提高一次或两次业绩，但是成功的产品经理人会更加关注服务的市场，而不是单个客户。

Rapid7的产品管理总监Carol Meyers说，"你可以把自己封闭起来，建立的产品只满足一个公司的需求，除了他们可能没人会用。我觉得重要的是决定谁是真正的目标客户，以及产品如何适应你的业务。"另一方面，凡事没有绝对，Meyers指出，"有些公司只为大公司服务，对他们来说，产品设计蓝图完全由几个大客户决定，因为这就是他们的业务重点。"即便如此，我们还是会说，这些公司依赖你的专业技能为他们的潜在问题制定最佳解决方案。这是一场产品生产者与消费者的双向选择，否则，你不过是在运营一家定制开发作坊。

## 来自支持的请求

客户支持团队是不可多得的洞悉产品的资源。他们可以提供客户最常抱怨的问题列表，或产品中的问题点，并以发生频率或应对客户花费的时间长短将列表排好顺序。这是非常好的数据，可以帮助你对提升产品可用性的工作项进行排序，如果可用性是你的关键目标，那么理所当然可以把它作为基准排列优先级。但是请注意我说的是"如果"。我们并不是在质疑可用性的普遍价值，但是我们建议应当把这个目标放到所有目标中统一权衡。如果客户购买商品却不用、或不及时续费，那么特别关注可用性是无可厚非的。但是，如果客户觉得产品很好用，却由于缺失关键性功能而导致他们压根不会购买，那么可用性就不是首要目标了。这种情况下，当前客户的反馈并不能帮助你扩展潜在的客户。

## 竞争对手有，我也必须有的功能

我们发现与竞争对手开展争锋相对的功能战争，必将导致产品价值迅速缩水。一旦你和他们产生可比性，就等于你们共同建造了一个商品市场，唯一取胜的办法是以最低廉的价格出售最多的功能，不管谁坚持到最后，这场竞争会让价格降到最低，甚至触底，根本没有盈利空间。与其与竞争对手比拼功能，不如完美地解决目标客户的需求，从而使你的产品独一无二，竞争对手就不复存在了。这样一来，由于所处的特殊市场定位，你可以按照提供的价值收费，而不是与你的竞争对手竞价。

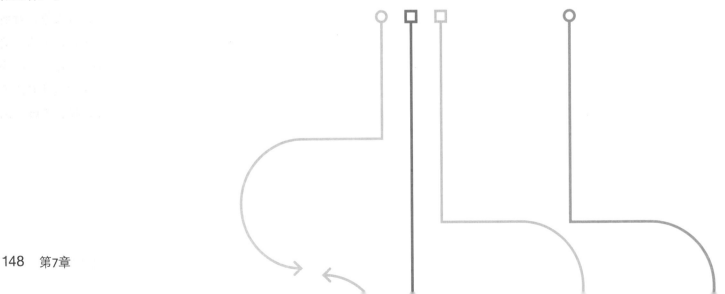

# 排列优先级的框架

幸运的是，我们有很多设定优先级好办法，以及一些排列优先级的潜在核心原则，你可以根据需要选用。我们将逐一介绍我们发现的一些很好用的方法，包括：关键路径分析；Kano；客户需求、技术可行性、商业可行性；Bruce最喜欢的投资回报计分卡。我们还会介绍一个相关的原则，称之为MoSCoW，它可以帮助你在排列好优先级后，对工作项进行分类。

在后续的讨论过程中，我们会描述每个框架的使用场合，但是你应该自行判断，测试每种方法，看看他们如何帮助你梳理自己的想法，然后结合搭配使用。

## 关键路径

我们曾在第3章中讨论过，用户旅程地图可以给产品专业人士提供机会，帮助他们梳理客户旅程中每一步的各种维度，包括他们的情绪和每个时段的想法。负面情绪可以帮助你发现关键的难点，找到导致这些困难的根由。这些焦灼的困扰常常导致客户奔溃，他们迫切地想要找到更好的方法解决问题。

一旦你找到了这些关键的难点，你的工作就是客户在前进的路上遭受最大困扰与挫折的时候，给他们送上优雅的解决方案。就好比马拉松志愿者在选手精疲力竭的时候送上水和能量棒，产品经理人需要理解客户旅程中最主要的困难，并对症下药，在正确的时间提供正确的解决方案。

你的目标是回答这样一个问题，"我们的解决方案需要正确地解决什么事情？"这些是整个过程中最大的困难，你需要处理或改善它们，才能说服客户采纳你的解决方案。你可能已经在用户旅程中发现了若干负面情绪，但是关键是要把范围缩小到"必要项"。把这些关键时间点连接在一起就组成了关键路径旅程，为你建立成功的产品提供基本模型，也有人称之为最小可行性产品。

让我们看一个真实的例子。

2016年，我的团队接到一个叫做BarnManager创业公司，帮助他们建立战略和设计产品（见图7-2）。BarnManager的创建人Nicole Lakin在马背上长大，并且参加了猎人挑战大赛。出生在Lakin的她十分理解她的客户。多年从事于养马和在马厩工作，她注意到公司员工间的交流主要还依赖白板和笔记本，柜子里装满了牛皮纸信封存储的档案。随着时间流逝，她意识到这些过时的工具给马匹管理团队带来了各种问题。

首先，由于客户的要求源源不断，再加上疯狂的马匹管理节奏，造成了很多沟通上的失误。举个例子，两个人讨论事情的时候，他们会忘记通知其他成员。还有更糟的，在做了某项决定后，却没有把责任分配出去，没有人承担重要的任务。这些不协调导致了时间和金钱的损失，也深深打击了团队的氛围和士气。

其次，管理纸质文件是个大问题。每天马匹团队都疲命于接待兽医、诊断报告、比赛表格、治疗计划、药方、饲养供给、X光、超声波等。没有一个长期稳定的方式收集和分享这些信息，马匹团队浪费了大量时间和金钱。更糟糕的是，他们没有把正确护理马匹的重要信息保存下来。有时候，管理不善导致马匹健康的问题，极端情况下甚至死亡，这些问题本都可以避免的。还有其他马厩管理工作上的困难，包括日程计划、招募和人才管理、物流运输、以及订货等。

在项目的用户调研期间，我们了解了每个关键角色的旅程，包括马匹主人、马厩管理、马匹美容师、供货商等。我们参加比赛，帮忙摆摊。我们花了大量时间熟读他们的笔记和文件夹，并重现了团队成员度过的每一天。

我们通过大量笔记、无数的草图，以及很多访谈记录，发现了许多他们工作中的困难。我们可以在产品初版设计中加入很多东西，但是最后在充分了解了他们的生态环境后，我们清晰地画出了关键路径上的难点。

这个时候，我们意识到BarnManager所需的最小可行产品需要提供一个安全、方便使用的马匹信息仓库。通过调研我们发现如果Lakin的团队没有健全的马匹信息仓库，那么剩下的难点也得不到解决。他们最需要的是一个数字化保存记录的解决方案，因为我们没有办法让一个科技落后的马匹管理团队使用新的软件产品。我们还发现如果解决了这个问题，我们还有大把机会改善其他的工作难点。我们发现了关键路径是解决记录保存问题之后，比赛才算正式开始。

——Evan Ryan, 2017

## 已有产品的关键路径

BarnManager是一个全新的产品，根据客户关键路径的需求从头开始设计。其实，这种方法也可以帮助已有商品或发展中的产品，对增强功能进行排序。

我们见过很多很有天赋的产品经理人经常犯一个错误，那就是忘记了用户行为、需求、喜好、以及对产品的反应经常变化。如果客户因为看好当初你所演示的解决方案而选择了产品，那么新的需求就会变成关键路径。现在Barn-Manager解决了最大的困难——文档存储，或许他们的用户开始感觉日常交流是个大问题。这是扩展产品价值的好机会。如果你视而不见，那么你的竞争对手就会利用这个机会，拿着新的关键路径去找你的客户。

和你的用户保持联系，可以帮助你掌握最新动态，抢占新需求。寻求客户反馈有很多战略方针，从关注客户到调查、从产品演示到A/B测试等。作为一个产品经理人，你需要实验各种工具，选择最适合的。即便现在数据驱动的世界里，与客户保持直接的联系也与Sam Walton（沃尔玛的创始人）时期一样重要。这一点始终没有改变，我们鼓励所有的产品经理人经常与客户交流，而且尽可能进行面对面的交流。

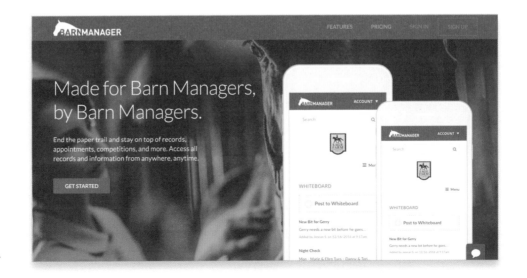

图7-2 BarnManager

# Kano

Kano模型是由博士Noriaki Kano开发的，他将客户的需求定义为三个层次：基本需求、一般需求和奢侈需求。这个层次可以帮助你排列优先级，清楚地认识每个层次中需求的解决方案带来的价值。

客户的基本需求大致等同于关键路径。如果达不成这些需求，客户会很不满意，他们不会买你的产品。如果你达成了基本需求，客户会提出一般需求，这些需求没有基本需求那么苛刻，但是可以提高客户的满意度。如果一般需求得到了很大满足（客户非常高兴、惊喜），超出了客户的期望，那就上升到了奢侈需求。这些是典型的定义潜在工作分类的方式。表7-1的例子演示了汽车部件中Kano的应用。

需要注意的是，随着时间发展，期望值会增加。过去间歇式雨刷属于奢侈需求（大约在70年代），但是现在已经很普遍了。为了持续提升产品，奔驰等高端品牌开发了更好的产品——雨水感知器，可以根据落到挡风玻璃上的降雨量自动调整雨刷的频率。

表7-1

汽车部件中应用Kano

| 需求 | 例子产品 |
| --- | --- |
| 基本需求（得不到解决客户会很不满意） | 挡风玻璃雨刷 |
| 一般需求（满意） | 间歇式雨刷 |
| 奢侈需求（惊喜） | 雨水感知雨刷 |

图7-3展示了随着产品从基本需求发展到一般需求，再到奢侈需求，客户的满意度和对产品质量敏感度的增长情况。请注意大多数情况下，未能达成基本需求的产品都无法突破下半部的"不满意"区域。在竞争激烈的市场中，客户可以从多个备选方案中进行选择的时候，这种情况尤为常见。要知道客户的期望都很高！

当你根据客户对价值的敏感度，对客户的需求进行优先级排序的时候，Kano模型非常有用。举例来说，你已经完成了关键路径的需求，现在需要决定实现其他想法以提升价值，那么Kano就很实用了。敏感度是个关键词。如果客户生活在干旱气候，雨水感知雨刷似乎就没那么重要了，也不会有惊喜。使用Kano模型（或与其他客户价值分析模型结合使用）的前提是你需要很好的了解客户。请参照第5章和第6章关于理解和解决客户的问题。

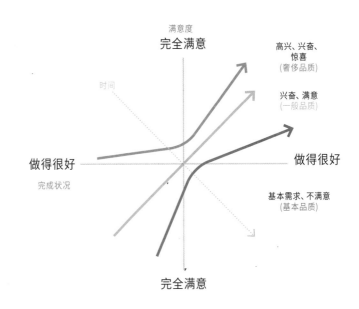

图7-3 随着产品从基本需求发展到一般需求，再到奢侈需求，客户的满意度和对产品质量敏感度的增长情况

# 客户需求、技术可行性、商业可行性

在我们看来通过实用性、受欢迎程度、关键路径和Kano模型，还不足以判断解决问题或特殊解决方案带来的价值。你必须解决关键路径上的问题，提供最小化的基本功能（否则客户不满意），但是仅靠这些也不能确保成功。通常你也不可能奢侈地去开发每个一般需求，甚至奢侈需求。资源和时间的限制决定了你不得不挑选效果最明显的需求。

我们曾用过一个方法排序备选的解决方案，那就是从客户需求、技术可行性和商业可行性的角度给每个需求打分（见图7-4）。

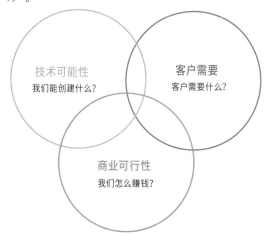

图7-4 客户需求、技术可行性、商业可行性分析维恩图解。产品类书籍中必然会提这个概念

## 客户需求

客户需求反映了通过解决问题、提供功能或实施职责等方式为客户带来的价值。给客户带来的价值越多客户需求就越高（不同的是，奢侈需求提供的价值比基本需求要少，因为后者是绝对最小需求。而奢侈需求和一般需求之间的区别就很微妙了，要靠客户对价值和备选方案的敏感度了）。

## 技术可行性

技术可行性反映了公司解决问题、提供功能或实施职责的难易程度。解决方案所需花费的金钱、工作或时间越多，技术可行性越差（越简单的东西得分越高）。

## 商业可行性

商业可行性反映了解决方案为公司带来的价值，通常指的是收入或利润。能带给公司更大成功的解决方案，其商业可行性就越高。

我们用简单的1（低）、2（中等）、3（高）对每种可能性进行评分，你可以把每个分数加在一起得到优先级的最终评分。满足大多数或全部标准的想法居榜首，有些想法可能在某个度量标准下分数很高，而在别的度量标准下则不然。

让我们看看一个例子，假设你是造汽车的，你拿出的设计在安全、性能和经济方面符合最低的需求。接下来要加入什么新功能让你的车更吸引买家呢？表7-2展示了你可以通过计算基于客户需求、技术可行性和商业可行性，对潜在的功能进行优先级评分而得出结论。根据你的调查，客户表示很喜欢定制颜色，所以客户需求上得了2分。但是，制造商告诉你他们需要特殊的涂漆过程才能做多个颜色，所以导致技术可行性（难度高）和商业可行性（成本高而利润低）只得了1分。可惜综合分数只有4分，而满分是9分。

另一方面，你们公司多年来投资混合动力科技，所以技术可行性拿到了3分的高分。再加上客户对于省油的呼声很高，所以客户需求性也得到了3分，很多人都愿意高价购买混合动力车，因此利润很高，商业可行性也得了3分。所以这个功能成功的拿到了优先级9分！

这个排序的方法或许不是很直观，但是一旦你掌握了它，就很容易向利益关系人做解释（详情请参照第八章），在潜在功能或符合所有核心成功要素的解决方案的选择上，促使他们达成统一意见。

表7-2
基于客户需求、技术可行性和商业可行性对汽车的功能进行优先级评分

| 功能 | 客户需求 | 技术可行性 | 商业可行性 | 优先级评分 |
|------|------|------|------|------|
| 混合动力 | 3 | 3 | 3 | 9 |
| 真皮内饰 | 2 | 2 | 2 | 6 |
| 定制颜色 | 2 | 1 | 1 | 4 |

# 投资回报分数卡

在三个潜在的汽车功能中进行选择的时候，优先级评分是非常完美的方式，但是如果你的功能列表有几百、几千个呢？很多产品人都经历过这种情况，更麻烦的是，他们经常发现有很多功能的评分都是8和9。当你有太多创意和想法的时候，投资回报（ROI）分数卡，这个简单的优先级表格，可以帮助你梳理和量化优先级上的细微差别。

这个方法基于ROI的概念，即投资回报。你无法在同一时间做完所有的事情，所以必须挑投资最少回报最大的先做。做完这步才能为下一步的工作拿到更多资金。我们简短地讨论一下如何定义投资和回报，数学公式非常简单直观：

**价值/工作量 = 优先级**

价值是实现功能或变更后客户或公司得到的受益。工作量是公司为交付功能需要的付出。如果你想通过很少的工作量得到更多受益，办法就是排列优先级。

财务上用这个传统公式计算投资，也是为预期的未来做出的投资。想想就会发现，我们现在投入时间和金钱，让员工去开发功能或改进产品和服务时，用的正是这个公式。

咨询师和产品经理喜欢2×2的方格，在里面可以很容易地标注价值和工作量对应的点，然后找出落入右上方区域的功能（见图7-5）。但是功能列表很长的时候，下面的图就会很拥挤，所以后面我们看看投资回报评分卡如何帮助你组织和排序想法和创意，从而提高你的产品。

本书的作者Bruce使用类似的模型已经有很多年了，根据相关的投资回报设定优先级，他和其他人成功地运用这个方法给许多东西排列优先级，如功能、项目、投资、精简实验、收购公司时的备选、OEM合作伙伴等。他还曾经用这个方法决定并说服他老婆买哪辆车。这个方法对辅助正确的决定和谈话都很有用。在适当的时候，它可以帮助你构建商业案例。所以接下来让我们深入了解投资回报方法背后的公式。

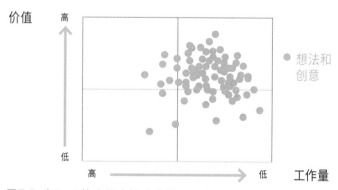

图7-5 在2×2的表格内标注价值和工作量对应的点

## 战略决定价值

这个等式的第一部分是价值。在第5章和第6章中，我们示范了如何识别和解决客户的需求。通过关键路径、基本需求和奢侈需求吸引并取悦客户，显然是交付价值的一部分，但这对你有什么好处呢？

价值中同等重要的部分是公司从变更、增加、或提升产品或服务中获得的收益。作为产品经理人，我们要假设更好的产品能为公司带来更大成功，赚更多钱，但在这点上不是所有的产品提升都是相同的。所以我们要优先考虑有助于达成业务成果的东西。这和我们讨论过的商业可行性是类似的。

我们不禁想用钞票来进行实际计算，许多公司直接根据项目收入判断备选工作的价值。但是等一下，如果你的产品需要前期投资，去完成核心的功能呢？如果有的客户是非盈利机构呢？如果上级的指示是抢占市场份额呢？或是进军一个新的未测试的市场呢？即便收入最优先，客户带来的新收入或续约收入是否比产品更重要？收入通常是因素之一，但是在大多数情况下，价值驱动因素却有多个。这就是为什么我们在第4章讨论愿景和目标。如果你明白客户的关键需求，并且已经为你的产品建立了一套业务成果目标，那么可以定义投资回报公式中价值的部分了：

### 价值 = 客户需求 + 公司的目标

让我们回到第2章提及的袋熊花园软管的例子。你了解到客户有两个需求的关键路径：可靠的灌溉系统和可靠的肥料输送系统。交付其中一个系统可以提供价值，但是交付两个可以提供更多价值，你的团队正在为达成这些需求的功能、材料和制造方法而忙碌。如果你能为每个创意和想法打分，并按照对每个目标的贡献度进行排序，那么你可以把这些价值部分加到一起。

对于公司的目标也一样。如果花园公司的目标是发展新客户收入，扩展已有市场的规模，那么对这个目标有贡献的功能也应该被计分，并加入到客户价值分中，如下所示：

### Value=客户价值1+客户价值2+公司目标1+公司目标2

这个式子中，客户价值1是第一个客户的需求，客户价值2是第二个客户的需求，公司目标1是第一个公司的目标，以此类推。

## 无需精确

与量化客户需求、技术可行性和商业可行性一样，我们可以用很小的数演算。一旦你掌握了这个模型的数学式，那么就可以很容易地建立完美的模型。既然我们需要度量业务目标，这就意味着关系到钱，所以我们都不自觉想尽可能做到精确。

但是在这里要小心不要搞得太复杂。你不是在做销售预测或项目计划，只是在排列优先顺序，需要的精度相对较低。如果在做最终决定前，需要做额外的验证，你随时可以再仔细考量最有可能的想法。

事实上，这个模型本身并不需要精确。大家可能会因为收入是$500000还是$600000而起争论，但是如果从高、中、低里选，就没那么多争议了。用数字表达就是1到3或者1到5。但是0也是有可能的，特别是当某个想法似乎可以解决一个问题，却对其他问题没有丝毫帮助的时候0很有用。为了尽量简化，Bruce通常制定的标准是0（表示非常低，可以无视），1（中，有一些积极的帮助），2（非常大的积极影响）。

简单的模型方便利益关系人理解。尽量保持简单，大家就可以在脑海中计算，很容易看出何时以及为何其中一项的得分比另一个高。有的模型有几十个或者更多工作类型，加权机制也非常复杂，导致模型太难使用，对于决策毫无帮助。

## 公式中的工作量部分

投资回报公式中的第二部分是工作量，是指为完成客户需求和达成公司目标而加入的功能建议、改进或解决方案所需要花费的工时。它与技术可行性成反比，所以在公式中，得分越高越不利。

有很多产品经理人在创建自己的优先级计分卡时拒绝考虑工作量。他们经常说他们只关心业务价值，或者说预估工时是别人的责任。我们觉得这两种说法都有问题。原因很简单。

比如说你有两个建议，或两个新功能的想法，根据积分你判断这两个功能带来的价值都是大致相同的。其中功能A需要花费三个月才能交付，而功能B只需要几天时间。很明显你应该先做功能B，然后一边做功能A一边可以收钱了。也就是说你可以用功能B挣的钱去做功能A。

也许你会说，我没法要求工程师估算一个不成熟的功能，而且这个功能做不做都不一定。他们不会浪费时间在这样的事情上，况且我问他们要预估的时候，他们肯定也会向我询问需求的细节，我没时间一一回答他们。

## 与其吓跑工程师，不如自己预估工时

你说得很对，工程师肯定不愿意预估他们不了解的东西。如果他们介入，一旦管理层信以为真，并以此为交付期限，那么他们就有可能因为提供的粗略估算而导致引火烧身。

克服估算难关的快速办法就是自己做预估，然后让参加实现的人帮忙检查。主动承担起预估的责任，把其他人从提供不成熟建议的不安中解救出来。再者，让工程师给你预估很难，但是让他们指出你的估算有什么问题就简单多了。

## T恤的尺寸

有一个办法可以让你在预估工时的时候，避免很多的困扰，那就是简单化，像T恤的尺寸那样粗略划分预估。一般情况下我们都用类似的超小号-小号-中号-大号-超大号等，粗略地预估所需的工时，不必深入到sprint、天、人月等。如果你为不同尺寸分配数字，那么就可以应用优先级的公式了：

1－超小号
2－小号
3－中号
4－大号
5－超大号

请注意，在这个阶段你并不需要做实际的日程计划，你只是在排列优先级。这种简单的度量可以让你看出来哪些功能势在必行，值得花点时间去为这些功能做真正的估算。

T恤尺寸是从敏捷估算中借用过来的一个原则，敏捷开发中使用故事点来估算，称之为相对大小。小号是指一个星期还是三个星期、或者几个sprint、几个人月，这都不重要。对优先级公式来说，重要的是小号比中号小。

## 考虑跨部门工作

有些情况下，工作量就是工程团队需要花费在写代码、测试和发行产品的时间。但是一般来说我们还需要考虑别的工作量。为了对公司整体发生的工作量有个直观的感受，想像一下市场部需要调研和开发新市场，或者销售团队需要相应的再培训。或许还需要跟合作伙伴讨价还价，或者招募新的渠道合作伙伴。这些细节可能多种多样，但是在预估投资回报时，必须考虑整个公司的工作量。如果你的公司无法打开市场、卖不掉或无法提供服务，那么再好的功能又有什么用？

## 风险和未知情况

在路上你会遇到堵车或坏天气，同样产品开发工作中也有很多未知的情况。尤其像软件的研发工作，由于要做别人没做过的东西，因此没有先例、诀窍或设计图可以参考。有些团队在预估中加入容差系数以便应对未知情况。这个风险系数也应该计入公式的价值部分，因为在产品完成之前，你无法百分之百预测客户会对产品做出怎样的反应。

在投资建议中，可以使用风险系数来修正预期的投资回报。计算的方法很简单，用价值/工作量的结果乘以自信百分比。这里的自信百分比就是风险的倒数。风险越大，自信度就越小。

# 优先级计算公式

排列产品投资优先级的完整公式如下：

$$((CN1 + CN2 + BO1 + BO2) / (E1 + E2)) \times C = P$$

价值总和　　　　　　　　　　工作量　　　　　优先级

## 简单的计分卡

现在让我们把各项组织到一起，计算和比较所有备选项的投资回报，并总结出一张优先级列表。如图7-6所示，你可以对每项工作、主题、功能、提议或解决方案进行打分，然后算出优先级分数并进行排名。请注意，你必须比较同等的工作项，比如你很难比较一个主题和一个功能，而这个功能可能属于这个主题或其他主题。

在这个例子中，功能A排名最高，因为它对公司目标1和2都有贡献，而且有很高的自信度。相反，功能B尽管有更高的自信度，但是排名却最低，因为它仅支持其中一个目标。

三个功能之中，功能C所需的工作量最少，排名本可以更高，但是它的自信度太低，并且对公司目标2的贡献是负值。为什么一个功能或想法有负分呢？因为有时公司的目标之间可能相互冲突。有些想法可能本来就有需要权衡的部分，比如质量与数量、功率与重量，都是不可兼得的。

这种现象很常见，例如零售业里打折可以提高销售额，但是却有损利润率。选择打折还是不打折，取决于所有目标的综合平衡。在这个例子中，另外一个目标可能是售价或其他销售类的决定因素。

初步得分 =（客户需求+公司目标1+公司目标2）/ 工作量

最终得分 =（客户需求+公司目标1+公司目标2）/ 工作量 × 自信度

| 功能 | 客户需求 | 公司目标1 | 公司目标2 | 工作量 | 初步得分 | 自信度 | 最终得分 |
|---|---|---|---|---|---|---|---|
| A | 0 | 1 | 1 | 2 | 1 | 75% | 0.75 |
| B | 2 | 1 | 0 | 2 | 0.5 | 90% | 0.45 |
| C | 1 | 2 | –1 | 1 | 1 | 40% | 0.4 |

图7-6 简单的投资回报计分卡

## 更复杂的计分卡

现在让我们来看看稍微复杂的投资回报计分卡。假设你负责一个叫做Plush Life的网站，上面卖毛绒玩具。你有一个关于扩展业务的很长的列表，包括提升网站、进军中国和新的玩具设计等。

如果你知道公司的目标是增加销售额、提高利润和增加客户的终身价值，那么可以根据这三个目标对各个想法进行排名（当然还要根据工作量进行排名），根据相应的投资回报总结出优先级得分。

Plush Life的计分卡如图7-7所示，你可以在Excel或Google Sheets里面创建类似的计分卡。

创建计分卡模型的方式很有很多。图7-7利用客户需求、技术可行性和商业可行性的概念，进行重新规划，创建了客户需求+商业可行性的投资回报，技术可行性在另一张表上。你也可以对每个价值（如果客户需求有多个方面）单独打分，最后加入自信度表示风险。

**第8章我们讨论如何通过这样的计分卡与利益关系人讨论优先级，并统一意见。**

综上所述，如果备选的功能列表过长，需要考虑多重因素，而且一眼看上去功能点并不突出，那么投资回报的计分卡可以提供足够精确的数据，帮助你量化、并指明优先级上的微妙差别。

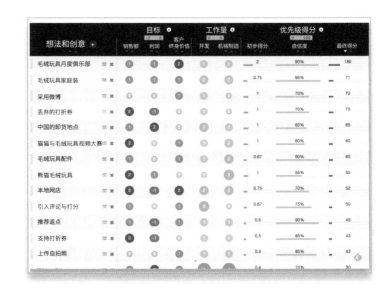

图7-7 Plush Life的投资回报计分卡

# MoSCow

无论在优先级排序中使用何种方法，你都必须清晰地把结果传达给开发团队。MoSCow方法能够帮助你将排好优先级的功能分到不同的开发列表中，以表明产品功能的发布条件。MoSCow不是指莫斯科，与著名的红场或圣巴索大教堂无关，它是如下单词的首字母缩写：

- Must have：必须做的。

- Should have：应该做的。

- Could have：可以做的。

- Won't have：不要做的。

"必须做的"是指产品发行必须实现的需求。这些需求都是关键路径上的功能，是基本需求，这些需求得不到解决就没人会买或使用你的产品。它们也被称作最小发行功能，因为没有这些功能，你的产品就无法发行。

"应该做的"不是产品发行的关键功能，但是非常重要，它们的缺失会造成产品使用上的困难。即便迫于达成预算和期限的压力，你也应该把这些项加进来，并尽可能包含一般需求项。

"可以做的"是大家想要的功能，但是没有"应该做的"重要。如果预算或期限压力太大，你可以首先把这些功能放弃掉。判断功能属于"可以做的"还是"应该做的"的方法主要是看没有这些功能会给客户造成多大困难，或者解决方案的价值减少了多少。有些团队采用另外一个方法处理这个开发分类，那就是做一张"如果简单就做"的开发列表。可以把奢侈需求扔到这个列表中。

"不要做的"是指本次发行"范围之外"的需求。"不要做的"可能包含一般需求和奢侈需求，但是不应该出现基本需求或关键路径的功能，否则发行就没有意义了。当然"不要做的"功能可以放到下次产品发行。事先在这些功能上达成一致有助于避免误解项目范围或在项目中期再改范围，这种现象常被称作"范围蔓延"。

MoSCow本身不是排列优先级的方法，但在这里我们用这个方法，帮助你将功能优先级转换成产品发行所需的功能范围标准。

# 工具与决策

数字式的优先级排列方法总是充满争议，一些有经验的产品经理人觉得这种逻辑化的方法有可能产生误导的结果，提供虚假的自信度数值。Cauvin, Inc.的产品总监Roger Cauvin说，这个方法试图"通过公式和分析解决公司组织职能上的问题，却忽略了人为因素"，或者为了弥补"产品战略向下传达的欠缺"。他坚持认为计分卡的方式会"让团队分心，丧失对交付产品特有价值的主张的关注。"

我们同意很多公司号称自己是数据驱动的公司，其实只是在政治决策方面才使用数据。但是依据我们的经验，引入计分卡常常迫使团队澄清并表明他们的战略和价值，并在内部达成共识，从而可以有效地选择并创建计分卡上的各列。

一些产品设计蓝图研讨会的与会者曾经说，"我可以随意调整计分卡上的数据。我们发现在讨论优先级的过程中，个人意见和情绪都减少了，强迫大家从对公司目标的相对贡献度考虑和表达自己的观点。计分卡方法让每个人都明白，衡量成功的标准有很多，只有符合所有或大多数标准的想法和创意才能胜出。"

尽管如此，没人愿意被公式束缚。这些框架是辅助你做决定的工具，而不是取代你做决定。表7-3列出了使用计分卡方式做产品决定的一些局限性，请小心使用。

表7-3
计分卡的优缺点

| 缺点 | 优点 |
| --- | --- |
| 对很多小功能或需求的评分提供虚假的自信度或进度 | 考虑计分项可以强迫大家讨论潜在问题和解决问题带来的价值 |
| 简单的数值范围并不能很好的表现功能间的差别 | 简单性可以让团队远离争论不重要的细节 |
| 仅靠几个目标有可能错过需要考虑的重要因素 | 强迫团队将范围缩小到几个目标，强迫大家面对无法一次性做完所有功能的现实 |
| 计分模型忽略了一些无形的因素，比如引发"热议"或"创新"的水平 | 目标验收条件支持更合理和更开放的取舍讨论 |
| 计分模型没有考虑外部依赖、可用的资源，或对关键客户、董事会、华尔街等做出的承诺 | 计分模型可以发现与优先级不符的资源或承诺 |

# 外部依赖、资源和承诺（天啊！）

如果你很好地权衡这些框架，并进行了选择，那么你的优先级排序结果的方向就是正确的，但是在做日程计划前，还需要额外的考量实践性一层。

可能你不得不从优先级模型上排名第二或第三的功能开始，而其原因也与基本需求、必须做的、或者投资回报无关。可能是排名第一的功能所需的某项关键资源尚未到位，或者需要做完排名第二的功能才能做排名第一的功能。也有可能你已经向股东大会承诺了排名第四十七的功能，或者这个功能已经写入了客户的合同里。

这些额外的因素不会影响优先级本身，但是它们会影响日程计划。你可以在计分卡边上的空白处做笔记，把这些细节记下来，然后在坐下来计划产品设计蓝图的顺序的时候作为参照。

# 优先级排序框架(见表7-4)

表7-4

优先级排序框架一览

| 框架 | 用途 | 选用时间点 | 弊端 |
| --- | --- | --- | --- |
| 关键路径 | 发现吸引客户购买产品的"关键点" | 设计最小可行产品,或对产品范围做大规模的扩张 | 没有考虑任何工作量、风险或业务目标;只能粗略化分为"关键"或"不关键" |
| Kano模型 | 了解客户对相对价值的敏感度 | 发现可能的附加功能或提升点 | 没有考虑任何工作量、风险、或业务目标 |
| 客户需求、技术可行性、商业可行性 | 发现能满足所有成功标准的机遇 | 对特殊问题的相对较少的几个提议或解决方案进行优先级排序 | 没有从客户需求、组织目标、或不同类别的工作量或风险上,清晰地定义分类 |
| 投资回报计分卡 | 根据投资回报的标准排名 | 权衡多个因素、大量的可能提议、需要解决的问题、功能或解决方案 | 更为复杂的模型需要在价值或工作量的不同部分上达成共识 |
| MoSCoW | 传达产品发行功能范围 | 分不清产品、服务或发行所必须的功能 | 无法帮助确定优先级,只能传达大致分类 |

价值 / 工作量 = 优先级

# 小结

只要做到坚持排列优先级并关注几个最有影响的提议，公司就可以实现快速学习、迅速增长，并且能够万众一心朝一个方向努力，取得很大成功。没人能一次性做完所有事情，所以请认真对待你的选择。

不要盲目地根据直觉排列优先级，也不要把决定权委托给客户、竞争对手或行业分析师。通过本书中描述的框架开发、收集信息、并以客观透明的方式决定优先级。表7-4总结了各种方法的优势和选择使用的时间点。

无论你使用哪种优先级框架，产品设计蓝图上各项的排序可以直接反映优先级顺序，并清楚地向客户和其他利益关系人展示。为什么你选择这些功能，并以这个顺序呈现出来，解释其中的原因很重要，所以请明智的使用框架。还

有请记住我们曾在第4章描述，尽量保持你的时间表宽松，从而为今后的工作争取灵活性。

有了这些所有的信息后，你已经准备好可以开始布置产品设计蓝图了，而这个蓝图将很快并有效地带领团队实现目标和产品愿景，即为客户的生活和业务带来价值。

但是，首先你需要赢得认可。下一章我们将讨论如何使用穿梭外交和群体研讨会（如设计迭代期等），推动公司的统一战线，为产品设计蓝图的成功赢得认可。我们还将示范如何利用优先级框架促进跨部门的工作。

第8章

# 达成一致与认可

**本章，我们将学习：**

达成一致、共识和协作是什么意思。

如何利用穿梭外交获取信息和认可。

如何利用产品设计蓝图的合作讨论会达成一致。

如何利用软件程序在团队间达成一致。

# 8

达成一致与
认可

# Helmuth von Moltke曾说"敌人永远不会听从你的计划。"我们想说,"利益关系人也不会。"

你可以创建史上最好的计划,但是只有遇到愿意投资、执行、并接受结果和信任的人,计划才有效。

多年前我曾是一家生物创业公司的产品经理,当时我们正在开发一个新产品,帮助客户提取并研究病毒RNA。有一个软件我们需要在发行前写其中一部分代码、优化和测试,还有一个试剂配方需要重新提炼和测试。

当时公司总共有75个人,所以很感谢我们有一个相对较小的团队。但是开发软件和提炼配方的工作由不同的团队承担,而销售团队经常追着我要发行日期,有时他们直接去找软件开发或研发团队。他们有销售目标需要完成,还需要应付客户询问产品。我还有其他四个产品也在开发中,也是由相同的软件开发、研发和测试团队承担。我怎么管理好所有的工作呢?我建了一张Excel表格,列出了所有产品、功能、和发行日期、然后发送给了我的同事们。

问题解决了!请叫我天才!

先别忙……

我有好几次惹恼了销售团队和软件开发团队。意外的是,负责开发试剂的团队却对我心怀感激。我很好奇:为什么有一个团队很喜欢我的Excel表格,但其他团队似乎都很愤怒呢?难道只有研发团队想要表格?为什么销售和开发团队那么生气呢?

—— C. Todd Lombardo, 2006

C. Todd创建的表格不是产品设计蓝图，只不过是发行计划之类的东西。日程计划是个好东西。我们人类喜欢预见未来：火车下午3：04到站；我乘坐的飞机周一下午5：14起飞；早上10：30开会。有东西可以参照很重要，但是如果这些内容不符合其他人的期望，那么就准备好争吵吧。

C.Todd并不了解产品战略，以为他的日程表是最合理的方法（这不能怪他，这些都是早些年的事情了），只是为了回应利益关系人的呼吁，坦白交代事实。我们生活在瞬息万变的世界里，却总是渴望永恒。C.Todd擅作主张创建的那个Excel文件，会抹杀很多的激情和动力，尤其是产品。除非公司就你一个人，否则你就需要和团队一起工作。产品设计蓝图不可取代（现在你知道它和发行计划或日程计划的区别），除非这个蓝图做的不好。而为了创建产品设计蓝图，你需要获得认可和达成一致。

在赢得认可的过程中，你可以迅速完成第7章讲述的练习，排列好优先级，然后准备好文档，并与所有利益关系人分享产品设计蓝图。在你推进团队达成一致的时候，每个成员都有机会提供信息从而减少团队摩擦。

寻求认可并没有一个规定的方法，但是有几个绝对错误的方向。比如，你喜欢更粗暴的方式，恨不得用棍子敲每个人的脑袋，感觉这种方式会立竿见影。在这里我们不想深入讨论高深的谈判战略和人际技巧。市面上有很多这方面的研究书籍。我们发现产品设计蓝图获取认可和达成一致的主要方式有三种：穿梭外交、研讨会和软件程序，以及它们的结合。

在深入这些方法之前，我们需要定义究竟达成一致是什么意思。

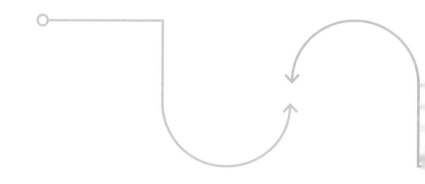

# → 有三个人：达成一致、共识和协作一起走进了酒吧……

**当谈论达成一致的时候，我们常常想起共识或协作，它们是非常相像的术语。**

## 达成一致(Alignment)

达成一致是一项协调工作，帮助人们理解问题和各自的角色。意思是向产品团队内部人员以及外部利益关系人提问并听取反馈。持有不同意见的人依然可以在意图上保持一致。达成一致不是共识。

## 共识(Consensus)

理论上，共识是指一群人在一项决定上互相达成一致。实际中，我们通常指经过几个小时的讨论，得出每个人理应同意的决定，但是没有人负责协调不同意的人。一旦做出决定，如果有人不赞成，他们通常会阻碍实现。

## 协作(Collaboration)

协作是指众人一起合作完成共同的目标或成果。一起工作的成员有共同的目标，即便没有在每一步上完全保持一致，但是会在最后的成果上达成一致。

如果你是一个产品经理人，你准备制作或更新产品设计蓝图，你需要什么？达成一致和协作。你不需要共识去制作产品设计蓝图。我们再重复一次：制作或更新产品设计蓝图，不需要共识。

让我们继续讨论关于利益关系人的细节。我们在第三章中讨论了识别内部以及外部利益关系人的重要性，你可能需要把他们标出来：

现在让我们准备进入"怎样"达成一致。

# 穿梭外交

在我接手产品的时候，产品经理Greg已经工作了两年了。他已经与这个团队斗争了多年，因为他们从来不能在任何事上达成共识。

我的时机很好，管理层刚参加了董事大会，并在会上向投资者发表了来年的目标，他们找到了四个非常看好的业务，成果目标很明确。两个是面向产品的，提升产品的两个潜在因素。其他两个是业务目标。

其中，CEO说，"我想打破现状。我想改变游戏。"我们都知道今年不会有收入，但是我们需要投资，因为我们可能在将来找到那个"高收入"，也就是"未来的潜在收入"。这样一来，我就可以做优先级矩阵了，把一切按照可能带来的投资回报从高到低排序。

我单独去找了每一个高管，最初我问及目标的时候，高管都同意，"对，这些是我们的目标"。实际上我们跳过了通常最难的阶段——统一目标。之前的会议已经成功地为我们的谈话设立了目标。

在谈话中，我拿出电子表格，展示了目标和想法的计分卡，确认他们的想法都在那张表上。我们讨论了每一项他们关心的内容，并做了评分。我确定他们充分表达了自己的意见，并有机会贡献自己的力量。

最后，我和所有人坐在一个房间里，我们用了一个半小时制作了产品设计蓝图。走出房间的时候，Greg惊呆了，"你是怎么做到的？像魔法一样。我从来没能让这群人在任何事上达成统一意见。"我回答说，"这不是魔法。这是穿梭外交。"

—— Bruce McCarthy, 2011

Bruce的故事源自Henry Kissinger，受1973年十月战争的影响，他"穿梭"在中东各首都间，积极争取缓和各国。

Kissinger利用国际长途电话，白宫到莫斯科的热线电话、电报、通信员、消息录音、横跨大西洋的飞机,以及其他可以利用的通信方式。因为这些党派不能也不愿意跟彼此交谈，所以Kissinger分别和他们交谈。Kissinger可以与他们直接进行感情上的互动，并以同情和务实的态度跟他们谈话，间接地缓和了双方的矛盾。他在两者间扮演中间人以及和平使者，表现得很中立，努力逐步地改善情况，而不急于求成。

关于当时情况长期结果的争论很多，但是在交涉过程中，这个技巧在突显利益关系人的需求时十分管用。在停火多年后，Kissinger依然穿梭在主要人员之间，他的努力终于促成了1979年的戴维营协议，这是首次伊拉克和阿拉伯成员国达成和平条约。

## 产品经理人的穿梭外交

穿梭外交是指与每一位党派人士会谈，达成必需的承诺与权衡决议。这个方法也可以帮助管理和协调利益关系人，对产品的现状和将来达成统一意见。

如果一个或多个党派拒绝另一个党派参与决定时，政治谈判代表采用穿梭外交手段。产品管理专家不会遇到这样的事情，但是与所有人一起分享的时候摩擦会很大。作为产品经理人，你可能发现利益关系人与各国首脑不同，他们喜欢一起开会。但是，我们发现还是不要让他们一起开会的好，至少最初的时候不要一起。

你有没有参加过公司的常务会议，会上每个与会者都争相证明自己很聪明？你是否经历过开会的时候，有个很大的声音无视别人或吓得别人不敢说话？这些政治阴谋可能让你试图达成一致的努力毁于一旦。我们发现在一对一的情况下这些政治问题更好处理。像Kissinger那样，在只有你和他们的时候，你可以专注目标的谈话，他们不需要回答别人的问题，也不需要刻意表现自己。

## 为什么穿梭外交很有效？

每次开会的时候，确认每个人的目标、优先级和其他考虑是穿梭外交的管理关键。这种一对一的会谈提供的反馈回路不仅关系到个人的想法，还关系到它是否与公司的战略和愿景一致（请参照第4章的指导原则）。你可以与每个利益关系人建立信任和睦的关系，因为你聆听他们的想法，询问他们为什么这些事情这么重要，以及有哪些影响。如果他们力推任何不符合长期目标的东西，那么就说明可能有一些需要讨论的目标没有被列出来。

另外，如果你能从善如流，并与利益关系人建立亲密友好的关系，那么利益关系人会积极地告诉你公司的政治（或隐藏政治的纲要），尽管他们不会参加集体会议。你可以避免所有的办公室政治，因为你和他们只是在讨论什么对公司有益，而他们不需要在CEO、团队、或董事会前积极表现自己。

最后，在产品设计蓝图制作的早期阶段，穿梭外交流程可以给每个利益关系人一个提供信息的机会，并赋予他们对计划的主人翁精神。这不是你个人的计划，而是集体的。合作创作产品设计蓝图的性质不容小觑。

## 如何开展穿梭外交？

如上所述，开展穿梭外交可以吸引利益关系人参与产品设计蓝图的起草，并提供相关信息。会议的首要部分需要紧紧围绕目标和宗旨。你可以使用如下"GROW"指导你们的谈话：

**目标（Goals）**
接下来几个月他们需要完成的工作。

**现状（Reality）**
他们现在有什么？现状如何？

**备选项（Options）**
他们认为哪些因素可以帮助他们达成这些目标？

有哪些已经讨论过，但是需要再回顾的备选项？

**前进方向（Way forward）**
哪个备选项可以帮助他们达成刚在谈话中提到的目标？哪个备选项是他们的首选？为什么？

## 穿梭外交的画板

如果GROW教会了你如何开展谈话，那么表8-1所示的穿梭外交画板可以帮助你记录会议，并为产品设计蓝图达成最终的一致，赢得认可。

**如何使用：**

记录每个利益关系人渴望的成果，以及为什么他们有这些目标、他们使用什么度量判断是否达成这些成果、他们最优先考虑的产品功能是哪些。同时请确保记录额外的顾虑，比如办公室政治等。不要拿着这个表去和团队分享，相反，这只是有助于记录你们之间一对一的谈话。

表8-1

穿梭外交的画板

| | 利益关系人 | | |
|---|---|---|---|
| | Joan, CEO | Mark, 销售 | Jen, 工程 |
| **目标：**<br>接下来三个月他们渴望的成果或目标是什么？<br>为什么他们有这些目标？<br>他们使用什么度量判断是否达成这些成果？ | 15%的利润增长率<br>她负责向股东汇报<br>收入的增长百分比和EBITDA | 在2017年第一季度达成2400万的收入<br>收入保证公司的运营<br>收入及平均每单合同的大小 | 发展队伍，发展生产力，提高迭代周期的速度<br>优化团队的生产力 |
| **现状：**<br>他们现在有什么？ | 准备公司扩张 | 上季度未达成目标，正在努力争取弥补 | 三个团队每个都有不同的速度，需要更快地交付多个功能 |
| **选项：**<br>他们认为产品设计蓝图上需要什么？ | 平台的稳定性<br>销售要求的新功能<br>更好的用户入门体验 | 客户ABC公司要求新的功能，关系到是否能拿下这单 | 平台的稳定性<br>改Bug<br>销售要求的功能 |
| **前进方向：**<br>他们认为在接下来三个月中有哪些产品功能需要优先考虑？ | 平台的稳定性<br>更好的用户入门体验 | 更好的用户入门体验 | 平台稳定性 |

# 穿梭外交的难点

那么穿梭外交有什么不利的一面吗？简单来说就是花时间。许多人把会议当成祸害，更别说是一对一的会议了，恐怕有些人会非常排斥。解决办法只有一个，那就是保持会议简短随意。在会议上只集中讨论利益关系人关心的问题，不要在意列表上其他的东西。相比起与忙碌的管理层开一次大会，有时一堆小会更好组织，但也不全是。请实际考虑公司的情况，自行判断。

其他穿梭外交会议的潜在难点包括和谐相处和地点。

## 和谐相处

一些人与你相处的更好。这很自然也是天性。情况因人而异。

## 地点

一般来说，面对面的一对一的会议可能比远程更好。当然我们都喜欢（或讨厌）Google的Hangouts、Go-to-Meeting、Join.me、Skype、WebEx、和Zoom，但是无一可以取代面对面的会谈，并且你最好和每个利益关系人都建立友好的关系。

即便不能逐一会见每个利益关系人，你还是应该举行一次全员会议。事实上，我们建议你根据公司业务的变化速度，定期的举行全员会议，比如每个季度或每年。说到这里，就不得不提合作研讨会了。

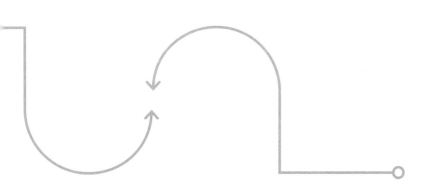

# 会议与研讨会

完成穿梭外交流程后，你可以召集所有人开一次跨部门会议或研讨会，可以非常有效地在各利益关系人组之间达成最后的认可。当然会有一些冲突和权衡发生。这很正常，也是料想之内的事情。

这些会议有两种方式：正式地展示团队建议的大会，或合作研讨会。两种形式都可以促进利益关系人达成一致。这种方法有两个关键方面：①公司文化鼓励大家提出建设性的反对意见的情况下，每个人都愿意表达他们的意见，而且领导也愿意听取意见；②公司整体战略被广泛认可，因此利益关系人可以就做决定的方式达成一致。

## 展示团队的建议

NaviHealth的产品副总裁Emily Tyson召开了一次产品投资评审大会，评价业务的季度变化，确认业务优先级的一致。在大会上，团队要检查近期的进展，将其反映到变更议题中，并考虑如何分配以及再分配资源。

大会前，每个团队做了以下几件事：

1. 从利益关系人那里收集的信息（按照类似穿梭外交的形式），比如：销售优先考虑什么？临床部门优先考虑什么？产品设计蓝图上需要有什么关于安全的内容？

2. 粗略估算了每个提案提议所需的资源。

3. 集合业务案例，回答如下几个问题：这些提议围绕着什么故事？是否符合公司的愿景、长期战略、或短期战略？我们如何看待竞争格局、如何发展市场？评估的时候我们应该考虑哪些因素？

提前准备好这些信息在以后，团队可以发表他们对投资的提议和推荐。这种方式在拥有等级制度结构的大公司里很常见，一般的呈现方式为：提前做"功课"，然后在指导委员会、管理层或董事会前正式宣布"我们的工作内容"。

# 合作研讨会

另外一种方式是集合利益关系人召开研讨会，这种方式相对较少关注"展示计划"，更多的是讨论如何群策群力解决问题。

合作研讨会可以沿用穿梭外交的工作，这种方法可以有效地集中所有利益关系人，确定优先级排序。有时你可以跳过一对一会议，直接开大会或研讨会，例如，团队的利益关系人不是很多的时候，或者政治文化没有渗透的时候，直接开展研讨会也许很有效。

开会前，你需要准备一个清晰的计划和成果。没人愿意参加多余的会议。你的成果应该把下期（年、季度等）的产品设计蓝图定下来。这种会议没必要每周、半个月或每月召开一次。大多团队召开季度会议，尤其在软件开发界，他们通常需要大约三个月的时间，创建和发行实质性的东西（不仅是改Bug或很小的功能提升）。

## 研讨会大纲

合作研讨会可以沿用如下大纲：

**开场介绍和讲述规则**—5分钟

**希望和顾虑**—10分钟

**愿景和目标**—10分钟

**倒退计划**—15分钟

**划分大小和优先级**—40分钟

**总结回顾**—10分钟

开场介绍和总结回顾不言自明，让我们来仔细看看中间几步。

## 希望和顾虑

希望和顾虑是让每个人把他们对产品前景的希望和顾虑写出来，用不同颜色的便签纸或索引卡分别代表希望和顾虑，每张一个。这样做的目的是把每个人的情感愿望和顾虑画出来，看看与别人彼此之间是否一致，再看看是否与树立的业务目标是否一致。进行这项活动时，许多我们没注意到或没打算说出的愿景（希望）和障碍（顾虑）都浮现出来了。有时你只是需要给大家一个发表心声的平台！

## 愿景和目标

如果愿景或目标还未决定，那么表明产品愿景的练习会很有帮助。我们在第4章中讨论过，为了清楚地表明产品愿景，你可以让房间里的每个人玩填词的游戏：

世界上的［目标客户］不再为［已知问题］而烦恼，因为［产品］可以为他们带来［受益］。

并缩减成：

提供［产品独特之处］带来［受益］。

在一张大便签纸或索引卡上写出这些，然后与参加人员进行比较。或者，还有一个树立愿景的办法，源自Dave Gray、Sunni Brown和James Macanufo的著作《Gamestorming》（O'Reilly出版），你可以让参加人员玩"封面故事"的游戏。让每个参与者想象你们的产品设计蓝图实现五年后未来的情况，并为印刷物或电子报纸或杂志（比如Fast Company、TechCrunch、Mashable）等设计封面。你们的产品能为客户的需求带来怎样的影响？你们的产品能带来怎样的变化？请确认他们写出了标题、图片、副标题、几个侧边栏和引用。

## 倒退计划

封面故事或其他未来愿景的活动之后，你可以进行倒退计划的活动，以封面故事的结果为开端（即产品设计蓝图塑造的未来），然后逐步倒退回到现在。倒退的每一步都必须实事求是，这样才能迫使团队想清楚所有需要作出的改变。举例来说，如果产品愿景是独自商务出差的人能在途中吃一顿满意的晚餐，那么倒退一步是什么？一个备选项是他们在陌生地区出差的时候，有办法查找当地合口的餐馆。

## 划分大小和优先级

会议大纲的下一项是划分大小和优先级。有一个办法能帮助你限制各种想法，那就是100块测试，这个办法也源自《Gamestorming》。在这项活动中，给每个参与者分配一定数量的钱，让他们去"投资"特定的客户需求。将每个主题分解成客户需求、技术可行性、和商业可行性等三个方面，然后只有每个领域的负责人可以投资相应的分类（所以利益关系人只能投资他们自己的相应分类）。然后你可以把结果加起来，见表8-2。

在第7章中,我们曾说投票不是排列优先级的好方法,并列举了若干原因。但是,这里使用投票的目的是把注意力缩小到一个可管理的列表内。

上述仅是一些帮助团队达成一致的研讨会练习。还有很多其他的方法也能做到这些,并帮助团队一起达成最后的决定。与其一个人"独裁",强迫他人服从他或她的决定,这种合作的方式能够让团队每个人都参与进来,因为就像穿梭外交一样,每个利益关系人都参与了最终的决定。

表8-2
根据客户需求性、技术可行性、和商业可行性用100块测试划分优先级

| | 客户需求性<br>(市场、<br>销售、<br>用户体验) | 技术可行性<br>(技术、<br>开发) | 商业可行性<br>(产品<br>经理) | 总计 |
|---|---|---|---|---|
| 主题A | $50 | $25 | $20 | $95 |
| 主题B | $25 | $75 | $60 | $160 |
| 主题C | $25 | $0 | ¥20 | $45 |

# 软件程序

虽然合作研讨会和穿梭外交是达成一致所使用的最普遍的手法,但是很多团队会选用各种软件帮助他们完成这项工作。分散团队变得越来越流行,远程团队可能无法参与面对面的穿梭外交,或亲身参加合作研讨会。视频会议促进了远程交流,而一些软件产品能更进一步帮助团队达成一致。其中一些是特殊的产品设计蓝图工具,比如ProdPad、Roadmunk、Aha!和ProductPlan等,还有其他的交流工具和追踪工具,比如JIRA、Slack、Google Docs、Asana和Trello等。

"有一个很重要的地方我们需要强调:请确认正在做的工作与公司的大目标和战略一致。我们公司用JIRA作为项目跟踪工具。这是一个高度可配置的系统,所以我们可以操控它监督跨部门团队。可配置虽然非常好,但是用不好会适得其反,所以尽量保持简单很重要。

我们创建了一种ticket,记载高层需求的问题阐述,从而捕捉目标的细节。我们还在Jira里创建了一个新的scrum面板,以季度为迭代周期排列目标的优先级,从而将我们的战略产品设计蓝图与工程团队的工作相连接。

每个ticket相当于一个动态的问题描述,所以只要我们可

以不断发现关键问题，就能有效地改进问题描述，使之紧紧围绕度量对象、成功度量标准、我们所做的工作造成的影响，以及期望的结果。

关键因素是跨职能团队的代表每周开一次会，把Agile指导、工程队领导、产品经理、用户体验和项目管理团队等代表的看法聚拢到一起，确认我们保持一致、高效以及清晰。

总之，这个方法可以让我们动态地预览已定义的需求和已完成的工作。我认为在跨部门团队上这点很重要。产品设计蓝图的制作可以是各种形式和规模，每个产品经理有各自的产品设计蓝图。我们需要一个方法把他们所有人都聚在一个地方，才能更好地明白达成年度目标和更长期目标的优先顺序，以及怎样才能把这些目标分解成各项工作。"

—— **Zipcar前任的产品经理Vanessa Ferranto**

通过每周的会议，Zipcar的跨职能团队提出问题、讨论相关的话题，并进行必要的优先级排序和再排序。他们使用JIRA收集信息和追踪进度。在例行会议和软件程序的帮助下，团队可以标注、追踪、管理，最终在产品主题上达成一致。每周的例会上进行小的调整，而每个季度的大会则决定较大的问题。

我们和其他几个团队谈话的时候也听到了类似的情况。Roadmunk的产品经理Sameena Velshi使用自己公司的产品帮助这项工作："你们都猜到了，我们使用Roadmunk让大家始终保持统一。这个功能可以帮助你把多个产品设计蓝图汇总成一个。也可以从公司整体的愿景中，分离出我们部门的具体愿景。"

Velshi的团队通过这个平台接收更新通知，并根据需要决定如何改变方向，这个软件帮助团队评论、同意或改变产品设计蓝图的优先级。在我们交谈过的团队中，没有人仅仅依靠软件产品保持全员一致，一般都是通过一个平台进行信息交流，以协助获得认可的过程。

# 小结

本章中我们围绕达成一致和认可讨论了几个重要的概念。首先我们澄清了一些定义，你了解到达成一致、协作和共识是不同的概念。你能够理解这些术语的不同，并知道共识的弊端很重要。

接下来，我们讨论了三个达成一致的手段：穿梭外交、合作研讨会和软件程序。

穿梭外交是与每个利益关系人展开一对一的面谈。

相反，合作研讨会则是组织所有人召开一次集中讨论会，在成员间达成一致。利益关系人数很少，或政治议程较少的团队可以选择跳过一对一的穿梭外交，直接进入合作研讨会。

最后，JIRA、Roadmunk、ProdPad、AHA、和Product-Plan等软件程序可以帮助我们追踪信息，并赢得利益关系人的认可。但是，很多时候一些面对面的会议形式对团队达成一致也很有必要。小窍门：不要重新考虑已作出的决定，除非有重大的新信息，从而保证团队积极地工作和执行已做出的决定。

无论你是用哪种方式，穿梭外交、合作研讨会或是软件程序，你需要让团队或公司成员对产品的走向达成一致。一旦做好这项工作，你就可以准备正式确认、发布和发送产品设计蓝图了。在第9章中我们将讨论一些窍门和技巧，帮助你与公司分享、向利益关系人展示，以及根据收到的反馈修改产品设计蓝图。

第9章

# 展示与分享产品设计蓝图

**本章,我们将学习:**

为什么需要在内部分享产品设计蓝图。

为什么需要与外部分享产品设计蓝图。

分享产品设计蓝图的风险。

是否应该开发多套产品设计蓝图。

如何向利益关系人展示产品设计蓝图。

# 9

## 展示与分享
## 产品设计蓝图

# 每个利益关系人都可以了解动向，并贡献自己的力量

产品设计蓝图的首要功能是让每个人都对未来充满憧憬。为了达到这一目的，你必须讲述其中的故事。

**现**在你知道产品设计蓝图不是发行计划，不是积压的工作列表，也不是功能列表。我们在前面介绍的各个组成部分可以为开发产品设计蓝图提供基本的素材。

如果你阅读了本书前面的每一章，那么你现在已经应该有了所有的素材，可以开发一个优秀的产品设计蓝图。本章我们将演示分享和展示产品设计蓝图的流程。在分享了第一版产品设计蓝图之后，接下来你可能需要重新思考和编制其中的某些部分，所以我们还会介绍这一步的工作。

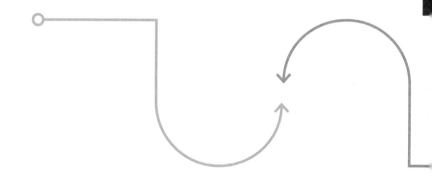

# → 为什么需要在内部分享产品设计蓝图

你肯定在想，当然了，至少我得给我老板，或者老板的老板，以及承担这项工作的团队看产品设计蓝图。你说得很对！但是我们在第3章和第8章讨论过，公司里还有许多其他人，以及核心组织外的人，让他们看看你的产品设计蓝图也是有好处的。

从销售到市场、从支持到财务、从制造到运营、从工程到业务开发等，每个部门都应该了解接下来的动向，同时有机会贡献自己的力量。我们在第2章中概括了每个部门的需求和期望，现在让我们看看在公司内部广泛分享产品设计蓝图的好处。

## 鼓舞人心

产品设计蓝图的首要作用，也是成功产品经理人的关键能力，是让每个人都对未来充满憧憬。你还记得我们在第4章讨论关于产品愿景的概念吗？产品设计蓝图描绘了一个世界，在那里客户很高兴，公司很成功，公司里每个人都很想参与其中。如果你的产品愿景很引人注目，而实现的方法又合情合理，那么大家都会被吸引，他们很愿意跟你讨论怎样才能为这个计划做出特殊贡献。

## 达成一致

在产品驱动的公司里，产品设计蓝图负责组织，或至少负责通知全体员工的工作计划。产品设计蓝图告诉市场他们可以在下次产业大会上宣布什么、告诉销售什么时候他们可以拿到新的产品、告诉客户支持什么时候需要进行新的培训、告诉制造什么时候他们需要新的工具等。

即便反馈循环进入其他方向，由其他部门主导时间和优先级，产品设计蓝图依然提供机会推动这些职能机构达成一致。就好比协调船员划桨，众人同时朝着同一个方向使劲，才是迅速前进的关键。

## 宜家效应

我们在第8章中曾讨论，早期并经常把产品设计蓝图呈现给公司内的利益关系人，是获得反馈与认可的关键。无论你用合作研讨会的方法、穿梭外交，还是组合使用多种技巧，让公司的员工参与产品设计蓝图的开发和改进，可以从根本上促使他们认可产品设计蓝图。为什么人们喜欢宜家的家具？就是因为用户可以亲手安装。产品设计蓝图也是一个道理。

# 为什么需要与外部分享产品设计蓝图

如果客户也和团队成员一样，受到了未来愿景的激励，如果他们按照你的发行计划调整购买、采用、以及使用产品，是不是天大的喜讯？

Flybridge Capital的主要合伙人Jeff Bussgang讲述了他在一家叫做Open Market做产品经理人的经历，这家公司于1996年上市。

"我们是早期电商的领头人。我们的产品原本使用了TCL脚步语言编写，脚本语言在建模和快速实装中十分好用。

允许公开访问后，收入从零开始一路暴涨到一亿美元。公司发展非常迅猛，但是基础代码却四分五裂，并且由于我们使用的脚本语言的问题导致完全没有可扩展性。客户开始非常不满意，我们的工程师也无法快速的加入新功能，跟上竞争对手的步伐。我们有10亿的市场资本，却有着纸糊一般脆弱的技术基础。

于是，我们决定进行一次彻底的重构。当重写产品的时候，你基本上就是在原地踏步。没有增加新功能，只是用扩展性更好的方式重新实现。

我们的产品设计蓝图帮了很大的忙，因为我们表明了这次重构不仅是对我们内部有利，而且能给客户带来更大受益。内部创作的软件架构文档描述了我们将如何重写并交付完全一样的功能。我把这个文档重新组织成以客户为中心的文档，清晰地向客户阐述了这次重做不仅解决了我们的内部问题，并且可以给他们的业务带来更多价值。"

Open Market花了一年的时间完成了代码的重写工作，他们要求客户在竞争异常激烈的市场下给他们大量的耐心。但是Jeff非常清楚客户的需求，他能够成功的出售他的产品愿景。

"根本原因在于可扩展性。用C++重写的API可以用于新的、重要的领域。你可以与已有的系统做更好的集成。我们产品原来的版本是个非常封闭的系统，随着电子商务系统发展成为业务操作的中心，我们成功地说明了产品设计蓝图的价值，说服了客户和我们合作，共度此次难关。"

尽管Jeff的情况是个极端的例子，但是在企业软件中，负责实现方案的团队确实需要了解接下来的动向以及时间点，他们才能准备好迎接即将到来的变化。

他们还会为你做宣传，为将来的发行铺平道路，并平息内部的政治和采购阻力。

# 分享产品设计蓝图的风险

## 过度承诺或无法交付

许多人担心分享产品设计蓝图会导致引火烧身，Drift的CEO David Cancel说，"如果我提前六个月明确告诉你我们认定的最佳方案，那么随着事态发展，当它不再是最佳方案时你会十分失望，或者届时我做出改变，失信于你。"

但是ProdPad的CEO Janna Bastow争论说，"只要公开并诚实交代我们的优先工作项，客户会表现得非常宽容。我们紧紧抓住拿到的反馈，并用以指导我们解决问题，客户会理解的。通过产品设计蓝图的谈话让我们明白什么能引起人们的共鸣，并帮助我们触及共鸣。"

"产品团队制作产品设计蓝图的一部分原因，是因为它也是销售工具和沟通工具，帮助客户明白接下来的动向，他们才能提前做计划。实际上如果我们不能与客户建立这种良好的关系，我们就无法与他们缔结合约。

我们写入到产品设计蓝图的内容是：我们打算在第一版中做好这些东西。这意味着几件事情。首先对我们来说，我们可以避免提前建立所有的东西，设法做出完整的产品。其次对客户来说，他们可以顺着时间表说，4月1日他们可以提供这些信息给我们。所以这可以避免我们中的任何一方误以为我们将一次性解决所有的问题。

那么产品设计蓝图的目的是什么？"她问，"对我们来说，可以让客户在内部统一了解整个过程，虽然我们给了他们期限，但并不意味着我们要在那天实际给他们什么。"

这与我们在第5章讲述的主题非常相似。你需要清晰表达方向和意图，但是不需要承诺交付，因为这些交付有可能无法完成，或者甚至不是问题的正确解决方案。

## Osborne效应

过早宣布未来的计划可能延缓现有的销售工作，因为人们可能决定等下个版本或下次升级。这种现象在实体货物的销售商中间更加普遍，因为它们不能像软件更新那样简单的升级，所以人们对现有产品很快会被淘汰的消息更加敏感。这种现象就是著名的Osborne效应，1983年Osborne 1计算机的销售急剧下跌。因为创始人Adam Osborne提前宣布了新型号，并宣称新型号在使用上将远远超过已有的型号，所以代理商统统取消了第一个型号的订单。而新型号又迟迟没有上线，最终公司宣布破产。

# 竞争对手

你可能会问,那么竞争对手呢?向市场宣布接下来的动向不是很冒险吗?是的,这很好地说明了为什么不要把所有东西都写入到产品设计蓝图中,尤其是如果有些主题显示了能为你带来更强竞争优势的产品方向,但是如果只是表述已有的产品领域的强化,那么是没关系的,甚至是必要的。

举个例子,假如你是移动设备组件的生产商。你销售手机、平板、手表等使用的芯片。你的客户——这些设备的制造商,需要提前好几个月甚至几年计划他们的产品,包括性能规格、价格指标和单位体积。如果你想和他们做生意,那么你不得不按照他们的时间线向他们公开这些相关的详细信息。引用Analog Devices的技术项目经理Sasha Dass的话,"干我们这行的,没有详细的产品设计蓝图,你最好还是不要去见客户了。"

这个例子与电子制造业的发展速度无关(尽管它们一直在加速发展),更多的是因为你对客户的承诺让客户知道,他们采购的时候可以找到你们公司和你的产品。这个例子中的电子产品制造商需要依靠你们公司届时交付产品设计蓝图上的承诺,否则他们有可能无法按时发布自己的产品和销售预测。几百万的紧要关头,他们希望你靠得住。

InsightSquared的产品管理副总监Samuel Clemens说,"禁止产品设计蓝图流出公司。但是我们的员工可以用产品设计蓝图回应客户。'是的,这些在我们短期的产品设计蓝图上;或者,我们经理希望了解更多信息,您是否可以和他们打个电话?'"

如果你想让销售团队努力卖掉仓库里现有的东西,但同时也需要对那些已知的、即将到来的变更做适当的处理的话,Bose前任产品经理Bill Allen有个聪明的建议。比如,如果有人问你对一个新标准的支持情况,你可以告诉他们,"很好,非常好。你都听说了,我知道你很喜欢。但是让我们看看实际情况。现在这个功能的使用情况非常少。你真正能享受到这个功能的情况可能也就5%。你真的觉得这是个不可或缺的功能吗?"你可以选择不讨论未来的产品,但是必须让客户知道,如果有朝一日新标准变得很重要,届时你的产品也会做好相应的处理,那么客户就不必担心是否应该购买没有这个新标准的产品。

与外界分享产品设计蓝图有利也有弊。既然这样，该如何决定分享哪些内容呢？Janna Bastow创建了一张整齐的图表，说明了应该与各个角色分享哪些细节和方案（见图9-1）。一般来说，距离核心产品开发团队越远，你应该提供的关于功能和期限的细节就越少，关于新品牌的产品方向和内部基础设施工作的信息也应该越少（但是上节开始提到的Jeff Bussgang的故事是个例外）。

### 谁应该看到你的产品设计蓝图？

图9-1 Janna Bastow的图表说明应该与各个角色分享哪些细节和方案

## 多个产品设计蓝图?先不要着急！

正如我们指出的，很多公司有多个利益关系人，向他们分享产品方向和战略对他们很有帮助。问题在于他们每个人所关心的都是不同的方面。

那么，是否应该准备不同的产品设计蓝图呈现给每个小组？如果这样的话，那么当初费尽心力让公司围绕着一个共同目标达成一致，岂不是白费了？解决办法是以愿景、战略、和主题为共同基础，为每个小组建立细节内容。

如果你的产品设计蓝图是用幻灯片做的（很多人都用幻灯片做），那么意味着前四页可以给所有观众看，然后为每个小组单独建一页。加入一页补充信息，提供额外的背景介绍和产品设计蓝图建立的细节。分开放这些信息，但是在同一个文档里加入清晰的链接，为不同的利益关系人组提供他们最关心的细节内容。

用这种建模方式，你就不用再担心是否应该分享产品设计蓝图，而是给谁看哪个部分。

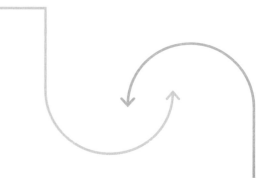

# 向利益关系人展现产品设计蓝图

你已经分享了产品愿景、战略和一些大致的主题概念、时间表等。非常好，但是现在问题来了。你必须真正交付的是哪些功能?什么时候发行呢?

下次大型贸易大会的时候,销售团队可以演示些什么?项目的收入是多少?外部依赖呢?风险如何?渠道战略呢?

你已经刺激了观众的兴趣,他们现在十分想了解细节。你可以告诉他们吗? 你应该告诉他们吗? 回答这些问题的时候,你需要根据对象和信息的确认度,调整细节程度。

这些工作还需要根据你作为产品经理人和每个利益关系人之间,来来往往的协作情况调整细节。我们在第2章中列出了产品设计蓝图的主要组成部分,并描述了次要组成部分作为可选项。接下来,我们介绍利益关系人最关心哪部分可选信息,以及我们可以提供多少细节。我们还列出了第三部分的补充信息,它们虽然不是产品设计蓝图的正式部分,但是可以为你和利益关系人的谈话提供重要的背景介绍。我们将介绍一些方法,讲述如何融合或掌握信息,帮助你在公司内部或与客户以及合作伙伴等达成一致。

与核心团队之外的人分享产品设计蓝图看似很冒险。但是我们发现,开展这些讨论有助于完善你的产品设计蓝图。促使产品设计蓝图与利益关系人的需求相互依存、有效利用偶发性事件、产生新的创意和想法、最重要的是推进所有人达成一致,意见统一。

# 面向开发团队的产品设计蓝图

在软件开发公司，开发团队由工程师、设计师、测试人员和负责构建与部署产品的运维人员组成。我们一般还会根据信息需要加入技术支持团队。在商品生产公司，设计和制造团队执行相似的职能。这些人需要以具体的信息为基础，计划项目日程、资源分配、架构技术和供应链。

高层的主题式产品设计蓝图能为他们提供很好的大环境，但是不足以开展具体的工作。这些团队在最初需要了解高层需求的故事，接下来则需要大量细节，包括功能、开发阶段、可扩展性期望、依赖、风险，以及他们工作需要的基础技术信息（见图9-2）。

Bose的前任产品经理Bill Allen说，"工程团队之所以关心产品设计蓝图，是因为他们会想，哦，我们要用蓝牙？那我们要去研究一下蓝牙技术。哦，免提？我们知道麦克风，还有扬声器，但是我们不知道免提，怎样才能在免提中集成麦克风和扬声器呢？我们要用新的光盘格式？我们用蓝光还是HD DVD？怎样决定选择哪个？什么时候我们需要做出选择？而产品设计蓝图里常常包含了技术蓝图和决策。"

(对开页)产品设计蓝图可以包含技术信息，但是一般情况下，首先应该建立产品设计蓝图固有的时间表和主题，然后加入开发团队所需要的细节，以方便他们做计划，比如我们可以加入功能、开发阶段、可扩展性考虑（比如预测的用户数量）、依赖、和其他风险，以及支持主题所需要的技术和基础设施工作。

# 面向工程的产品设计蓝图

- **功能和解决方案**
  尽管还未能完全确定下来，这里还是向开发团队展示了截止到2018年为止支持各主题的功能，所以他们可以积极地探索和讨论。

- **开发阶段**
  结实耐用的软管已经进入准产品，所以发行前不大可能有太多变化。后面的主题还处于早期阶段，可能还需要进一步讨论。

- **产品领域**
  每个产品领域都有自己的团队或并行的开发过程。将这些列出来是为了促进计划和协调团队间的工作。但是这里我们只有一个袋熊团队，所以示例中的产品设计蓝图没有提及此项。

- **可扩展性**
  了解预期的销售量，可以让团队提前计划产品生产力，这可能直接影响增设工厂的大小和时间点。

- **技术与基础设施**
  我们需要在什么时候，在什么地方建设新工厂，以便支持如图的产量，还有我们需要在什么时候准备好材料和其他技术，以便支持这些主题。

- **依赖和风险**
  任何可能干扰产品设计蓝图计划的内容都应该在此处列出

图9-2 面向工程的产品设计蓝图

---

袋熊软管

**产品愿景**

## 通过完美地灌溉塑造完美的草坪和庭院景观

| 17年上半年 | 17年下半年 | 2018 | 将来 |
|---|---|---|---|
| **结实耐用的软管** | **精美的园艺管理** | **促进草坪均匀生长** | **无限的延展性** |
| ● 功能：<br>• 长度：20尺、40尺<br>• 无漏水接口<br>• 无扭结外层 | ● 功能：<br>• 非常灵活<br>• 平均售价翻番<br>• 低压模式 | ● 功能：<br>• 微细分散喷嘴<br>• 分散模式管理<br>• 雨水感应器 | **技术与基础设施：**<br>增压技术 |
| ● 阶段：准产品 | ● 阶段：原型 | ● 阶段：发现需求 | |
| ● 技术与基础设施：<br>Santa Fe合约工厂 | ● 技术与基础设施：<br>新的Mesa工厂 | ● 技术与基础设施：<br>Cincinnati工厂在线 | |
| | **应对恶劣天气** | **扩大覆盖面积** | **肥料输送** |
| | ● 功能：<br>• 防冻内部材料<br>• 防霜外包装<br>• 加固接口 | ● 功能：<br>• 100尺长<br>• 双向控制接口 | |
| | ● 阶段：材料测试 | ● 阶段：发现需求 | |
| | **技术与基础设施：**<br>恶劣天气下的外包装 | | |
| ● 产量：<br>10万单元 | ● 产量：<br>100万单元 | ● 产量：<br>400万单元 | ● 产量：<br>1千万单元 |
| ● 依赖和风险：<br>Clare生病三周 | ● 依赖和风险：<br>材料未测试 | ● 依赖和风险：<br>需要第二个工厂 | |

更新至2017年3月20日，公司机密，不可派发。

# 次要组成部分

## 功能和解决方案

尽管我们在第6章说，要避免向大多数利益关系人承诺具体的功能，但是开发团队需要知道他们将要做的东西，才能计划他们的工作。在产品设计蓝图中加入一个简短的功能列表，列出你认为可以有效解决主题中所包含问题的功能，可以给产品设计蓝图添加必要的细节，允许开发团队预估所需工作量，并和你商讨范围和期限。

当第一次给团队看这个产品设计蓝图的时候，你希望他们反馈给你什么是可行的，而不是命令他们在截止期限前完成这些工作。例如，你可能有关于7个功能的想法，你相信它们可以帮助你解决"节约时间"的主题。但是团队逐个审视后，跟你说下个季度只能做完前4个。那么你可以进行一次有效的沟通，讨论是否需要等到下个季度完成所有7个功能后再发行，或者分两次发行，还是说只做4个功能，然后继续下个主题。

## 开发阶段

正如我们在第6章的讨论，产品的开发阶段表明了工作优先级，所以请在产品设计蓝图中，清晰列出产品的阶段，这样可以给开发团队提供有利的大环境和期望。

在最早阶段，产品处于开发活跃期，可能还没有公司外部的用户，且基本功能还在制定中。到后来，根据客户提供的早期反馈，产品设计蓝图可能需要迅速转变，以满足一些未达成的需求。在增长阶段，为大客户定制的功能可能演变成必要功能，而在最后阶段可能整个团队的工作都集中在兼容性升级和改Bug上。

有了产品在各时间点上所处阶段信息后，可以相应地计划开发、运营和制造团队的资源分配。

## 产品领域

如第6章中所述，为了确保产品没有遗漏任何关键部分，开发团队经常以产品领域作为公司内部团队的组织原则。例如，一个团队可能关注管理界面，而另一个团队关注搜索，第三个关注交易。

在产品设计蓝图中，以标签、颜色、或单独的一列表示这些信息，可以方便开发团队将产品设计蓝图与他们的组织相匹配，促进合作。

# 补充信息：平台的考量

## 可扩展性

工程、运营和制造团队需要很好的理解你所期望的产量，以及交付日期。在制造业里这是显而易见的，工厂的生产力是发展的制约因素。对于软件来说，容纳一定规模用户的能力(就是众所周知的可扩展性)经常被产品经理人忽视。

可以这样想，产品的原型可能很快就做出来了，在系统只有几个用户的时候一切工作正常。另一方面，理论上系统应该设计成能够支持任意多的用户，但是需要花费相应成比例的时间去设计和开发。如果你很清楚在产品生命的每个阶段各有多少用户，那么你和开发团队可以在每个阶段的两个极端之间寻求平衡，降低系统超负荷的风险，也不要过度开发造成系统浪费。

## 技术与基础设施

随着产品越来越受欢迎，客户基本需求的膨胀带来的新功能通常也会使产品变得越来越复杂。这会给技术基础设施带来潜在的压力，因为当初设计的时候并没有要求支持这些功能。

你可以想象，当初买了一座房子，只有一层、一个浴室，没有车库。随着时间流逝，家庭发展，你开始增设新的房间，但是最终你的占地会用完，再也不能向外扩张了。你需要加盖二层，但是发现地基无法支撑额外的重量。所以需要对地下部分做一些改善，才能向上加盖。

在制造业里，产量、设计或材料的变化可能需要改进工厂的设备。在软件开发里，这种情况有时被称作"技术债务"，需要重写或重构部分代码。如果问题进一步扩展，那么可能需要重新架构，或重新搭建平台，才能更加有效地加入更多功能或用户。

这类的工作对于客户是完全不可见的，但是有时可能需要占用很大一部分产品设计蓝图工作的资源。最好和内部团队认真确认这部分技术和基础设施的工作，与更多可见的工作一样，你需要在计划中体现这部分工作。有些团队为支持这部分的工作，在产品设计蓝图上专门创建了一栏，并分配到各自的主题或已确定的交付工作中，还有人选择单独创建了一页幻灯片、甚至一个文档。

# 补充信息：项目信息

我们曾在第1章中说，产品设计蓝图不是项目计划。但是当你和负责实际项目的团队共事的时候，这些信息可以呈现关键的项目元素，例如日程计划、资源、依赖、风险，甚至状态。所以我们建议，在设置好主要组成部分和精心挑选的次级组成部分后，可以和开发团队的一位伙伴一起开发并简要地展现这些信息。这个人可以是项目经理、团队领导、工程经理或其他负责类似工作的人。

## 日程和资源

甘特图中的线、箭头和连接线不能建立一个好的产品设计蓝图。敏捷发行计划中的燃尽图（burndowns）、燃耗图（burnups）和开发速度追踪也不能胜任这项工作。但是，开发团队可能使用这些或别的工具，以便于管理项目和交流，说到底也是为了做好产品设计蓝图。同时兼顾产品设计蓝图和项目或发行计划，可以方便你确认做出的假设，更加现实的把握期限，同时鼓励团队交付更多价值。

## 依赖和风险

如果某项工作必须等到别的工作解决或做完才能开展，那么你必须把它反映到工作的前后顺序上。例如，假如你正在创建一个应用程序，可以帮助运动员追踪他们的进度。产品设计蓝图上可能会有一个主题是"记录锻炼成绩"，而另外一个可能是"测量一段时间内的成绩"。在第一次记录各个训练环节的成绩前，用户无法看到过去一段时间内的成绩单，所以这里的先后顺序可以用依赖性表示。

另外，团队间的依赖是造成项目延迟的最常见的原因。所以要尽早确认那些可能会影响你交付产品设计蓝图的工作项，优先着手，并制定意外应急计划。

其他风险，包括可能出现资源的供应短缺、未经证实的技术或材料、未经测试的供应商、预料之外的使用模式，以及未经证实的市场预测等。

图9-2的例子中，产品设计蓝图的幻灯片专门有一行表示风险，实际上很多产品设计蓝图会用一整页幻灯片去讨论风险和规避计划。

# 状态

进展顺利或是落后于计划；绿色、黄色或红色,应该把产品设计蓝图上关系到项目的这些状态更新作为课题，经常与开发团队进行讨论。它们虽然不是产品设计蓝图的组成部分，但是能够清楚地表现可以在什么时候、交付哪个解决方案。期限可能变化，下个重要的主题所建立的6个功能可能会缩减成4个。根据记载的期限和功能的细节程度，这些变化可以反映在产品设计蓝图上，或不写出来也行，但是作为产品经理人，你必须明白其中的意义。

# 面向销售和市场的产品设计蓝图

开发团队十分关心他们需要创建的功能细节，但是销售和市场团队有自己的计划，一般都是围绕创收。在设置了高层的阶段后，产品设计蓝图应该帮助他们理解产品在增值方面会带来怎样的优势，并且显示交付日期与他们日历上的关键期限紧紧相关（见图9-3）。

## 次要组成部分

### 开发阶段

与开发团队类似，了解产品开发阶段对于销售和市场团队也有帮助。Bruce McCarthy在与他共事的一位销售副总裁要求推迟新产品发布的时候感到十分惊讶，并深刻地意识到这个原则的重要性。

Bruce以为在接近年底的时候，新产品展现的创收机会可以推进这位副总裁的工作，帮助他完成销售任务，因此应该会大受欢迎。然而，这位副总裁的经验告诉他，一个未经试验的商品，无论构想得多么好，都会由于销售基调、定价、包装以及材料的改善而需要经历一些必要的修补。他还知道，新产品需要投入精力去培训销售人员，这意味着距离实际的完成还有很长一段时间。

在临近年底这个重要时期，这位精明的经理希望他的团队把时间用在通过成熟的销售手段销售久经考验的产品，从而最大化产出。如果新产品在第一季度发行，他肯定会十分高兴，因为这个时期销售压力小，团队成员也需要接受年度培训。

因此在那年一月产品发行前，Bruce说服这位销售副总裁，让一位销售专家和他共同参与新产品的抢先体验（beta版）程序。只有让市场和销售参与讨论，他们才会关注这个产品，而这次beta测试程序可以在真正发行前，引起销售和市场对产品的关注。

尽管里程碑是个很粗略的时间线，但也可以让销售和市场团队在计划新产品的促销和销售培训时考虑你的产品。在产品生命周期的后期阶段，可以列出销售配额，以及为打开新市场举行的活动。

许多产品需要花费数月乃至数年的时间，才能推动销售和市场工作的全面展开，这是因为销售和市场团队在产品首次上市的时候并不能产生或转换需求。要和这些团队合作开展产品的启动计划，就必须从产品设计蓝图开始。

## 面向销售和市场的产品设计蓝图

- **功能**
  结实耐用的软管90%的功能已经确定,市场和销售团队可以开始讨论如何推广和销售产品。后面的主题的功能不确定性则较大,还不适合在开发团队之外讨论。

- **目标客户**
  掌握产品会在哪里、向谁销售,对于销售和市场团队有效制定计划至关重要。

- **自信度**
  为了防止销售团队过度承诺,你必须把自信度百分比在产品设计蓝图中表现出来。

- **外部驱动**
  这些推广和演示的机会的时间是固定的。在产品设计蓝图中加入这些信息有助于提供背景,以便讨论哪项工作将在何时完成。

---

袋熊软管

### 产品愿景
**通过完美地灌溉塑造完美的草坪和庭院景观**

| 2017年上半年 | 2017年下半年 | 2018 | 将来 |
|---|---|---|---|
| 结实耐用的软管 | 精美的园艺管理 | 促进草坪均匀生长 | 无限扩张 |
| 功能: <br> • 长度:20尺、40尺 <br> • 无漏水接口 <br> • 无扭结外层 <br><br> 目标: <br> • 增加单位销售量 <br> • 降低退货量 <br> • 降低整体瑕疵 <br><br> 阶段:准产品 | 功能: <br> • 平均售价翻番 <br><br> 阶段:原型 | 阶段:发现需求 | |
| | 应对恶劣天气 <br><br> 功能: <br> • NE扩张 <br><br> 阶段:材料测试 | 扩大覆盖面积 <br><br> 阶段:发现需求 | 肥料输送 |
| 目标客户: <br> Santa Fe和Phoenix | 目标客户: <br> 西北和东北地区 | 目标客户: <br> 美国和加拿大 | 目标客户: <br> 专业市场 |
| 自信值:90% | 自信值:75% | 自信值:50% | 自信值:25% |
| 外部活动: <br> 4月19日,合作伙伴展示会 | 外部活动: <br> 6月15日,草坪与花园展示会 | 外部活动: <br> 6月23日,硬件展示会 | |

更新至2017年3月20日,公司机密,不可派发。

---

图9-3 与销售和市场分享的产品设计蓝图,同样以相同的时间表和主题作为开始,然后加入他们感兴趣的细节,包括生命周期阶段、成功的度量、产品设计蓝图上的具体进展将如何影响他们,以及配合发行的外部活动

## 目标客户

随着产品功能的增长，你可以拓展新市场，服务其他类型的客户。事实上，一旦产品上市（如第4章中所介绍的），拓展潜在市场就成了最有效的发展手段。

当产品解决的问题足以有效服务新客户的时候，你与市场和销售团队分享的产品设计蓝图就应该体现出这一点来。"专业消费者的功能"或"中国本地化"等信息，可以让内部走向市场的合伙人看到机遇，而你应该给他们时间做准备，以赢取最大优势。

## 自信度

销售人员每天都与客户直接对话，他们非常想取悦客户。很容易想象产品设计蓝图上的内容放到销售口中会变成什么样儿，所以明确指明这个信息的可靠度就非常重要了。正如第6章中所描述的，通过在产品设计蓝图上为工作项（或时间表）添加自信度，你可以很容易摆正大家的期望，因为自信度表明在规定的时间内交付这些功能的可能性有多大。

你究竟有多少把握能交付时间表上的内容，这对市场团队策划下个季度的促销活动非常有帮助。他们明白不要轻易在活动上花大价钱找代言人做宣传，除非这个功能在产品设计蓝图上的自信值超过了80%。

## 功能和解决方案？

市场和销售团队非常清楚如何满足市场环节，或竞争优势的需求。所以可以在前期让他们参与进来，向他们演示你打算通过哪些功能满足这些需求。不过要小心不要过于具体。尽管他们是公司内部的团队，但他们的工作是跟客户交流，你不希望他们言过其实。可以选择例如"或许"、"可能"、"暂且"等，通过这些丰富的语言表达自信百分比。

## 补充信息:外部驱动

你希望为开发日程保留尽可能多的灵活性,但是有一些外部的活动,你几乎很少甚至完全无法控制。法规的变化会带来规范方面的要求,行业活动可能是发布新产品的大好时机,用户大会可能需要演示即将到来的功能改善,而竞争者发布的消息可能会引起工作优先级的变化。

提前标出这类的活动,可以帮助确保产品设计蓝图上各项处于最佳时机。同样,这些不是产品设计蓝图的组成部分,但是添加这些辅助信息可以帮助市场和销售团队为这些活动做准备,也可以帮助你对产品设计蓝图上的工作项进行优先级排序。

# 面向管理层的产品设计蓝图

高管和公司的董事会成员通常关心公司作出的投资和预期的回报。如果他们对操作的所有细节越感兴趣，那么就意味着他们对团队执行能力的信任越少。换句话说，如果他们深究细节，那就是因为他们觉得哪里不对。

那么一般来说，向这些高管展示的产品设计蓝图的内容，应该仅限于一些高层次的信息，包括关于愿景、战略和如何解决问题的第一手资料。当然，最好把详细信息都准备在手边，以防某位好奇的董事会成员产生顾虑。更好的做法是，事先把这些高层次材料拿给这些利益关系人过目，并征询他们的反馈或提问。这是第8章我们讨论过的穿梭外交的另一种用法。

## 补充信息：财务信息

### 市场机遇

引人入胜的内部产品设计蓝图应当描述产品将怎样一步步带领他们走向成功，抓住他们的市场、提高他们的收入并创造利润。

在面向销售和市场的产品设计蓝图中，可以采用目标客户的形式表示，或者包含明确的收入和利润目标。图9-4示范了目标驱动的产品设计蓝图。

## 损益

有些产品经理人的职责就像是自己产品的总经理，需要负责定期汇报损益。另外，决策层和董事会成员也经常希望搞清楚，投资某个特定产品的开发能带来多少收入，多长时间能收回投资。

专业的商业计划形式不是产品设计蓝图的一部分，但是添加大致的收入和项目收支平衡时间表，可以有效地帮助阅读者了解需要多少投资才能实现一定程度的财务目标。

## 面向管理层的产品设计蓝图

**● 市场机会**
拓展产品的市场可以扩大机遇，这正是一些高管和董事会成员希望看到的。

**● 损益**
预期财务结果的时间和数目可以给投资者提供有用的背景。

袋熊软管

**产品愿景**
### 通过完美地灌溉塑造完美的草坪和庭院景观

| 2017年上半年 | 2017年下半年 | 2018年 | 将来 |
|---|---|---|---|
| 结实耐用的软管<br><br>**目标：**<br>• 增加单位销售量<br>• 降低退货量<br>• 降低整体瑕疵<br><br>**阶段：** 准产品 | 精美的园艺管理<br><br>**功能：**<br>• 平均售价翻番 | 促进草坪均匀生长<br><br>**阶段：** 发现需求 | 无限扩张 |
| 应对恶劣天气<br><br>**目标：**<br>• NE扩张 | 扩大覆盖面积<br><br>**阶段：** 发现需求 | 肥料输送 | |
| **● 市场：**<br>Santa Fe和Phoenix | **● 市场：**<br>西北和东北地区 | **● 市场：**<br>某国和某某国 | **● 市场：**<br>专业市场 |
| **● 市场机遇：**<br>$2亿 | **● 市场机遇：**<br>$20亿 | **● 市场机遇：**<br>$40亿 | **● 市场机遇：**<br>$70亿 |
| **● 收入/毛利润：**<br>$500万/[$750万] | **● 收入/毛利润：**<br>$5千万/[$200万] | **● 收入/毛利润：**<br>$2亿/[$1.5千万] | **● 收入/毛利润：**<br>$2亿/[$1.5千万] |

更新至2017年3月20日，公司机密，不可派发。

图9-4 面向高管或董事会的产品设计蓝图，可以通过展示计划的产品改进如何扩展市场机遇，为你的产品争取投资

# 面向客户的产品设计蓝图

我们讨论了分享产品设计蓝图的优点和缺点，包括失望、竞争顾虑和Osborning现象，这里介绍最后一点：客户真正希望从你的产品设计蓝图上看到的内容。他们可能会问关于功能和日期的细节，但是大多数时候他们并不是真的需要知道这些。

Bruce喜欢讲述一个雄心勃勃的西班牙客户的故事，他质问Bruce一个具体的功能是否能在某次发行时做完。当时Bruce的产品设计蓝图有一个主题给出了可行的建议，但是这位分销商挑衅Bruce，要求他当着一众从世界各地来的其他客户当面做出承诺。虽然他没有正式发出挑战，但是在Bruce考虑怎么回答的时候，屋里变得静悄悄。

"我理解为什么这个功能对你和你的用户如此重要，"Bruce转向大家冷静地说（这是真的。他经历过很多次和这样的用户的谈话）。正如我在产品设计蓝图中所展示的，这个功能是我们正在调查的方法之一，它可以帮助你"解决这个特殊的问题"。但是，随着他的讲话，越来越多的人停止了谈话，开始专心倾听，"我们要用最佳的方式解决这个问题，我不想过早地指定特殊的方法，限定团队的选择。"

Bruce的话得到了现场的认可，但是并没有令挑战者满意。"什么时候你能做完？"他又一次的质问。所幸的是，Bruce对一个季度之后的发行内容十分自信，所以他给出了"大约到年底"的答案。在其他人又回到各自忙碌之后，Bruce和这个人进行了单独地交谈，并提出可以帮助他管理高管和用户的期望。

客户和潜在客户可以提出这样的要求，有时还有比这个更过分的。许多潜在客户说，如果不承诺某些特殊的功能，他们就不在合约上签字，还有长期的客户拒绝续约。如何处理这种情况，取决于你的业务，我们鼓励你问问这些利益关系人真正希望你承诺的内容是什么，是某个具体的功能还是具体的日期？他们希望你能与他们同舟共济？还是他们想让你多听听他们的意见？或者他们希望你能分享更多信息？像Bruce那样，根据他们的真正需求，去帮助他们，或许他们会对你的产品设计蓝图手下留情。

请记住产品设计蓝图上承诺越多具体的交付，在情况发生变化的时候，你做调整的灵活性就越少，而缺乏灵活性对你的客户无关紧要。

## 面向客户的产品设计蓝图

● **时间表**

我们删掉了"将来"一列及其所有主题,因为这一列完全是给专业市场人士看得,而这份产品设计蓝图是给客户看的。我们应该侧重于对客户有用的东西很重要。相反,我们增加了一列来介绍之前已经实现的改进,以提醒客户我们在持续交付价值。

● **功能**

由于结实耐用的软管这一功能已经相当确定,因此展示给客户的风险很低,并能获得用户的反馈。改变产品也许已经来不及了,但仍然可以改变这些功能的定位和销售策略(见图9-5)。

袋熊软管

WOMBAT

**产品愿景**

**通过完美地灌溉塑造完美的草坪和庭院景观**

| 2016年 | 2017年上半年 | 2017年下半年 | 2018年 |
|---|---|---|---|
| 增强灵活的软管 | 结实耐用的软管 | 精美的园艺管理 | 促进草坪均匀生长 |
| 功能:<br>• 3尺半径转动不打结<br>• 高分子环保材料<br>• 5种新颜色 | 功能:<br>• 长度:20尺、40尺<br>• 无漏水接口<br>• 无扭结外层 | 应对恶劣天气 | 扩大覆盖面积 |

更新至2017年3月20日,产品经理有权不经通知更改以上内容。

图9-5　与客户分享的产品设计蓝图做了大量简化。去掉内部利益关系人需要的详细信息,集中表现产品独有的价值,以及客户期盼能在将来交付的价值。如果你有多于一种的客户类型,那么应该相应地划分产品设计蓝图,仅展示与当前客户群相关的内容

# 展示产品设计蓝图

完成了制作工作以后,就可以展示你的产品设计蓝图了。如果你已经开发了指导原则,发现并解决了客户的需求,以及对各种想法进行了优先级排序,制作精良的产品设计蓝图就在手边,那么开始展示吧!

如何确保你的想法大受好评呢?

## 做好准备。

下列是产品设计蓝图展示前的检查简表:

1. 确认你的观众。同事?高管?他们之前看过这个产品设计蓝图吗?如果看过,他们提供了哪些信息?

2. 澄清你此次演讲的目的:这次会议的目的是什么?你在为早期草案收集信息吗?还是为了推进某方面意见达成一致?或者仅仅是为了通知大家动向?

3. 掌握观众所关心的内容:细节需要深入到什么程度?是否需要概括产品设计蓝图中的细节?你在展示一个产品系列吗?

4. 组织产品设计蓝图的组成部分:将产品愿景、业务目标、主题和时间线组织到一起。根据你的观众(第一条)和他们关心的内容(第三条),考虑哪些次要组成部分和补充信息是必须的。

**按照下列顺序进行展示:**

1.  首先交代产品的起因,在进入细节之前,确认每个人都认可产品愿景。然后汇报最近的进展,汇报自上次会议以来所完成的工作。不要忘记用户的情绪。引用客户的原话或轶事,描述产品对他们产生了哪些积极的影响。

2.  展示近期的工作计划,澄清哪些符合业务目标的关键需求需要优先着手。加入销售和支持的故事,以及客户的请求,让产品更加人性化,阐明产品的存在意义不仅仅是为了让公司的报表曲线图更好看。用户情绪+数据+故事=赢取人心。

3.  汇报长期的建议规划,继续巩固与公司目标一致的计划。

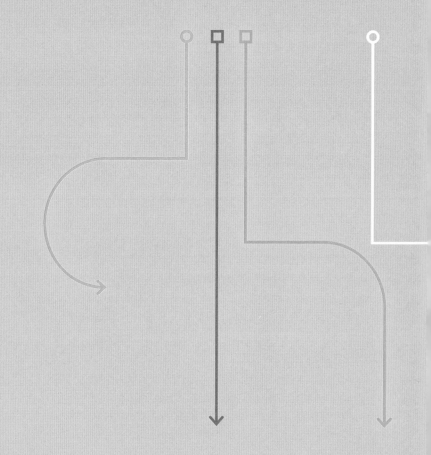

# Chef.io的产品设计蓝图展示

## 无能为力

2013年，Chef.io的CEO及创始人Jesse Robbins用了一句类似于"这是我们今年的工作内容"的话，向他的团队展示了产品设计蓝图。他希望团队能够开展工作，并执行他列出的方案（见图9-6）。

随着公司成长，公司招募了更多员工，定义、创建并交付产品到市场，并且需要根据市场条件的变化做相应的调整，为了实现这个产品设计蓝图上列出的内容，他们苦苦挣扎。没过几年，产品和工程团队意识到他们无法达成这些期望和其期限。他们无法在下个季度交付产品设计蓝图上的内容。更糟糕的是Chef.io的客户很不高兴，有的客户以为他们能拿到功能X，而另一个客户以为他们能拿到功能Y，结果很多期望都落空，大家都很失望。

对于小团队，产品指导方向自上而下，这种现象很正常。理论上也是可行的，公司的创始人建立了产品的初步愿景，那么他应该继续策划产品设计蓝图的未来走向。然而

在实践中，现任的CEO、CTO和CPO越来越脱离产品团队的具体工作细节和困难，所以他们经常会高估可以完成的工作内容。产品设计蓝图需要考虑到这种情况。

图9-6 Chef.io 2013年的产品设计蓝图

## 改变

Chef.io的产品经理Julian Dunn说服团队，做出了部分改变。这支聪明的团队重新编写了内部以及外部的产品设计蓝图。用ProdPad管理内部产品设计蓝图，他们把主题写到卡片上，关联到业务目标，并以现状、近期和将来分段排列（见图9-7）。点击卡片可以显示具体的信息，但是主题的描述对团队来说就足够了。比如，卡片上说"最小化配置安装"其实就是在问，"我们怎样才能使产品更容易部署到云端？"相关的目标即为让产品更适合云服务（但是，在创作本书的时候，Chef Automate是一个预置的软件，需要现场安装）。

为了澄清客户期望的误区，产品团队把基于ProdPad的产品设计蓝图转交给了产品市场团队，他们利用其中的信息，创建幻灯片文档，重新架构产品设计蓝图，从而便于向客户和合作伙伴做展示。

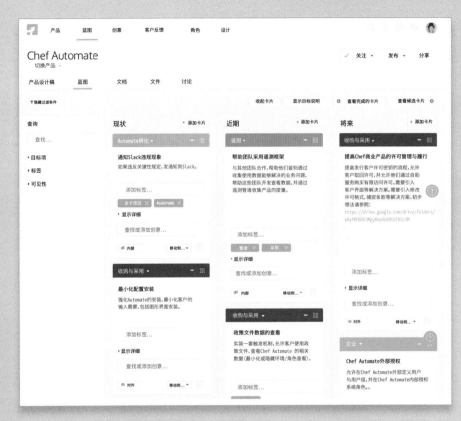

图9-7 Chef.io重新编制的、以主题为基础的产品设计蓝图

# 案例学习:Chef.io的产品设计蓝图展示

幻灯片第1页包含简介,以及更为重要的内容提要和免责声明(见图9-8)。

幻灯片第2页显示了度量标准和最近的进展,并定义了产品开发的三个循环阶段:"考察"、"开发中"、和"已发行"(见图9-9)。

幻灯片第3页则分享了来自ProdPad内部产品设计蓝图的信息,其汇总了"近期"和"将来"的时间线,并显示了团队考察中的部分功能,但没有涉及太多细节,整体架构回避了交付具体功能的正面承诺(见图9-10)。

他们可以利用这部分的产品设计蓝图,获取客户和潜在客户的反馈。如果每个客户都反对产品设计蓝图中的某个主题,那么团队可以重新考虑。再次重复在本书中反复强调的内容:产品设计蓝图不是一套功能的承诺(幻灯片第4页和第5页包含了"开发中"和"已发行"的功能,就不在此赘述了)。

### Chef 产品设计蓝图

**产品设计蓝图信息来源**

- 直接来自客户的信息(feedback.chef.io)
- 市场调研
- 团队经验
- 产品性能

**内容提要**

- 向用户和客户提供的价值
- 业务绩效考核
- 可行性
- 必胜
- 一次性的功能与为市场而建的功能

**保留不经通知更改此文档的权利**

此文档包含关于操作、产品开发、产品性能的前瞻性声明。本公司保留不经通知修改这些信息的权利。产品实际效果和未来计划可能在其他方面有很大的出入,也有可能涉及产品战略。此文档并没有承诺任何的材料、代码或功能。客户不应该根据文档中提及的任何功能或特征,也不应该根据任何Chef口头或书面的公共评论,决定软件的购买。

图9-8  Chef.io的产品设计蓝图展示包括简介、内容提要和免责声明

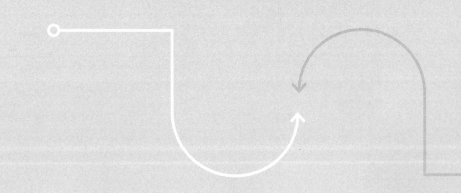

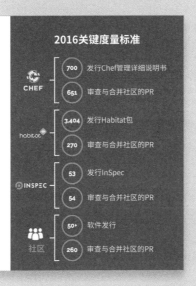

图9-9 幻灯片第2页显示了关键度量、近期的进展、以及产品开发的循环阶段

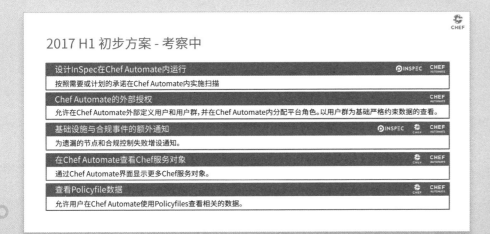

图9-10 幻灯片第3页分享了来自ProdPad内部产品设计蓝图的信息，并没有过度承诺或展示太多信息

# 小结

分享产品设计蓝图可以帮助你赢得各种利益关系人以及客户的认可。不同的利益关系人关心产品设计蓝图中不同的信息。幻灯片制作的演示文稿可以帮助你清晰有效地讲述产品设计蓝图的故事。为了创建优秀的演示文稿,你需要了解你的观众,对产品设计蓝图的内容进行设计和调整,必须清晰表达目标,并组织产品设计蓝图的组成部分,方便大家理解重点和决定,以及赢得认可。展示流程可以从交代产品的起因开始,汇报近期进展,然后深入阐述解决办法,有效地将产品设计蓝图的细节组织起来。你在创建伟大产品的路上快速前进……除非情况有变,当然世事都是瞬息万变的。

第10章

# 持续更新

本章中，我们将学习：

产品设计蓝图的演变。

产品设计蓝图可以保持多久。

管理计划内变更的方法。

管理计划外变更的方法。

如何交流发生的变化。

持续更新

10

# 当环境条件发生变化时,产品设计蓝图也必须做出相应的改变,才能生存下去。

如果你建立的功能是九个月前你认为很重要,而非当前公认很重要的内容,利益关系人会作何感想?

**但**是等一下,你最强劲的竞争对手刚刚发行的产品可能会对你们公司签约率造成严重打击。而你们其中一个大客户刚刚宣布说,如果你削减某个功能,他们将不再与你们续约。不仅如此,团队成员还告诉你,原本计划的二月交付将延迟到五月。

如果这个世界能够持久,我们可以与产品设计蓝图走到最后,成功实现我们的愿景,然后享受富裕幸福的退休生活。但是世事从来不会如此顺利。正如我们在第6章中所说的,世事变幻无常,越是尖端的产品,变化越快。那么你该怎么办呢?

如果环境条件发生变化,那么产品设计蓝图也必须和所有生物一样,为了生存做出相应的变化。本章中,我们将讨论变化的发生频率,以及如何进行管理与沟通产品设计蓝图的变化。

# 产品设计蓝图的演变

有一种生活在南美洲大陆的小鸟。它们以南美洲大陆上最常见的种子为食，这类种子又小又软，为了适应环境，小鸟嘴巴的形状经过演变，可以迅速碾碎并大量吞食种子。生活很美好，这种小鸟不断繁殖。

但是，过了一段时间后，这种小鸟的数量增长到了这类种子供给的极限。有时个别的小鸟不得不飞到更远的地方，去寻找更多种子作为食物。有些飞的更远，甚至离开了大陆，飞到一些小岛上，那里没有其他吃种子的鸟类竞争，而且有足够多的种子供养它们和繁殖。

唯一的麻烦是，与大陆上鸟儿们吃的种子相比，这些小岛上的种子更大，更硬，更难碾碎。鸟儿们需要花更大力气才能从这些种子里得到足够的营养，尤其随着数量的增加，食物竞争又一次出现了。在这种情况下，那些更大

更有力的鸟儿占据了优势。他们可以更快地碾碎并吃掉种子，得到更多的食物。

所以理论上来说，那些继承了父母亲大嘴巴的小鸟更加容易存活。很快，这个岛上出现了一群鸟儿，它们是大陆上的鸟儿们的堂兄弟，两边的鸟儿完全一样，只有嘴巴的大小不同。

食物的供给突然发生了变化，迫使这种鸟儿很快适应新的环境。然而在适应了小岛的食物供给后，鸟儿们的生活则变得相对安定，变化相应减少。原来的鸟儿发生了演变是因为外部的刺激，所处环境的一次变化。只要情况保持稳定，没有刺激发生，那么鸟儿的嘴巴就还是小的。

进化论认为，这就是达尔文在《物种起源》中描述的加拉帕戈斯群岛上雀类的演变（见图10-1）。

图10-1 加拉帕戈斯群岛上雀类的演变

在稳定的环境中，产品设计蓝图也不应该变化。但是市场环境从来都不是一成不变的。技术在进步，竞争对手想法设法超越我们，流行趋势起起落落，客户需求在发展，甚至连公司使命和战略都会发生变化。正如达芬奇的雀类，产品设计蓝图也是有生命的，也必须进化以适应环境的变化，否则就要面临灭绝。

让我们看一个例子。在一个强有力的产品设计蓝图实施几个月后，smartShift Technologies的前任产品副总裁Gillian Daniel看到一股来自她设定的业务目标的强大吸引力，包括增加每个客户的收入。但是，她还发现利润因为服务客户费用的增加而遭受打击。这导致公司需要重新评估目标，并在优先级计分卡上增加一项："提高利润"（寻求降低成本的方法）。你可以想象，调整优先级计分方式的结果，产品设计蓝图被调整到一个全新的方向，随着公司发展保持盈利。

此次改变不是一时的心血来潮，而是经过业务结果的分析、高管团队的讨论，以及对客户承诺的结果的检验。

成功的公司会定期重新编制他们的产品设计蓝图，反映市场变化，调整战略或优先级，并且允许每次更新的稳步推行。这与Agile敏捷开发中sprint的概念相类似，不过规模稍大。在Scrum中，开发团队单独有几周的时间完成工作，这期间优先级不会有变化。当一期的成果经过分析后，才可以决定下期的工作优先级。

根据韦氏词典，"间断平衡"是长期相对稳定的期间内穿插着迅速变化的进化过程。我们相信这是一个很好的比喻，形容以尽量最小化打断的方法管理产品设计蓝图的变化。

但这引出一个问题：你所处的环境有多稳定？这将决定你的产品设计蓝图能走多远，以及你需要多久更新一次产品设计蓝图。

# 产品设计蓝图可以保持多久

所处的市场变化节奏越快，开发周期就越快，那么产品设计蓝图的总共历时与间隔就应该越短。一个处于成熟市场的产品，每年发行一个新的版本或升级，相应的有较长的产品设计蓝图；而一个创业公司每周都发行新功能，那么产品设计蓝图可能只能维持几个月。

这就是为什么Intel的公开产品设计蓝图可以沿用两三年（相信他们内部的产品设计蓝图可以持续更久），如图10-2所示。

相对的，很多创业公司喜欢简单的产品设计蓝图格式，用粗略的时间表，比如现状、近期和将来。

一般来说，产品的生命周期阶段，以及所处市场的成熟度会直接影响变化和开发的速度。如果所处的环境里，所有的公司还在努力寻找未来的走向，那么就没必要花大量时间制定详尽的长期计划，因为这个计划肯定会发生改变。

我们用表10-1来帮助你根据产品生命周期，决定产品设计蓝图最适合的时间表。

表10-1

根据产品生命周期推荐的产品设计蓝图时间表

| 产品生命周期阶段 | 时间表 |
| --- | --- |
| 调研阶段 | 短（几个月等） |
| 发展阶段 | 中（几个季度等） |
| 成熟/下架阶段 | 长（几年等） |

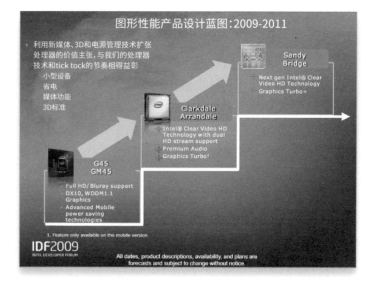

图10-2 Intel公开的产品设计蓝图时间跨度三年

# 计划内的变化

你可能会问：我怎么能在中途改变产品设计蓝图呢？难道客户、伙伴、销售人员、还有董事会不是在等着交付产品设计蓝图上承诺的内容吗？

我们当然不会说别管他们。事实上董事会和所有的其他利益关系人理解并希望你对市场的变化做出回应。举例来说，如果你死抱着产品设计蓝图不放，但是没有对新的竞争对手做出回应，从而导致销售人员丢单，他们会怎样想？如果你用投资人的钱建造了9个月前你以为很重要，而非当前公认很重要的东西，他们会怎样想？

即使是客户也会理解产品设计蓝图需要实时演变。如果他们不理解，那么在讨论产品设计蓝图的时候，你需要提醒他们。请参照第二章免责声明一节关于瞻前性声明的指导。

请记住，产品设计蓝图不是合约。只要客户明白产品潜在的愿景和他们的一致，在实现过程中经过深思熟虑的改变一般来说都是可以的。如果利益关系人清楚的看到你顾及到了他们的关注点，那么一般他们都会支持产品设计蓝图的变化。

## 变化频率

我们在"产品设计蓝图可以保持多久？"中讨论过，如果公司处于发展迅速、解决方案不断升级的工业领域，那么需要按照业务的发展速度更新产品设计蓝图。一条重要的原则是，更新产品设计蓝图的频率应当与蓝图本身的时间跨度相吻合。

如果产品设计蓝图以季度为单位，那么你可能需要每个季度重新编制和更新蓝图。按照本书概括的步骤，重复编制新的产品设计蓝图可以让你定期规律地检查愿景、战略、目标和主题，从而确保你在朝着正确的方向前进。

# 计划外的变化

## 如果功能交付延误了

产品设计蓝图变更的最常见的原因是因为工作的交付比计划晚了（或是发现来不及了）。在第6章中，我们提到这些延误的工作有时被作为遗留工作项推迟到下个产品设计蓝图。在科技公司，产品开发似乎总是延期。类似地，供应链延误经常导致制造产出减慢。

为了集中精力为客户和公司达成某项产出，那么你可以吸收产出的变化，调整资源，从而最大化这些产出。

然而，有时延误会导致你不得不重新评价产品设计蓝图的高层定义。进入我们称之为"铁三角"的模式（见图10-3）。

理想状态下，你可以按时、在预算内、并且按照设想的范围和质量交付所有内容。但是，如果情况有变，那么你必须做相应的调整，如果事情并没有按照原定计划进行，那么你可以调整铁三角中的四根杠杆。让我们仔细看看每根杠杆。

## 日程

如果某项工作所需的时间比原定计划长，那么最简单的处理方法就是按照新的完成日期，相应地调整产品设计蓝图。但是，这不一定是最好的选择，尤其当延期会影响交付、错过市场机遇，或无法符合法规的时候。

因此，当日程缩短的时候，你需要考虑缩减范围或增加资源，从而保证预期的质量水平。

意料之外的延误有可能是问题的表象，可能关联到其他因素，所以在实施调整前，最好与团队仔细讨论，并从各个方面评价现在的状况。

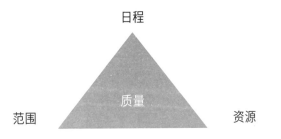

图10-3 铁三角

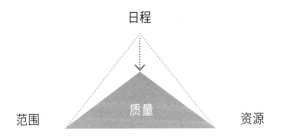

## 范围

如果严守原本的日程计划非常重要，那么可以看看是否可以去掉某些准备交付的内容。根据产品战略，你可以分段交付（一些功能按照原日程交付，一些迟点交付），或者只按时交付一些内容，然后继续下个优先工作项。

缩减范围可能意味着去掉对需要解决的某个主题非必需的一些功能、也可以降低性能或质量、或者加入某些制约项。举例来说，Henry Ford的著名举动（把所有Model T都涂成黑色）的原因，是因为他的团队为了加速生产（并且维持合理的售价）想到的迅速干燥喷漆的办法只能用于黑漆。

尽管，有时我们没法缩减范围，或者已经缩减到极限，再缩减某些面向用户的功能就没法用了。例如，合规常常非黑即白。要么你符合规范，要么不符合，无法为了省时间而削减掉部分内容。

## 资源

如果无法变更日程计划，也无法缩减范围，那么还有一个办法就是追加资源，这样一来项目本身的预算就告吹了，有可能别的重要工作就没资源了。如果这只是简单的生产能力问题，那么我们可以启用预备工厂或追加一个工厂。

但是，在软件开发和其他知识型小团队里，这个方法很少行得通。早在1975年Frederick Brooks出版了有名的著作《人月神话》（Addison-Wesley出版），他在书中用数据和大量的真实案例，向读者演示了"向进度落后的项目中增加人手，只会使项目更加落后。"而且之后的研究表明3到7人是软件开发项目中效率最高的团队。这是因为协调大团队所必要的间接交流会增加。如果在项目后期加入新人，这种间接交流的后果会放大，因此尤其是在时间弥足珍贵的时候，让新成员熟悉项目会给现有团队带来巨大的负担（亚马逊著名的两份披萨原则，正是在设法将这个团队规模的原则应用到整个大公司）。

图10-3 铁三角（续）

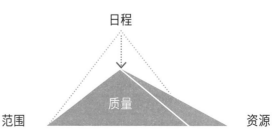

## 质量

铁三角中很少被拿来讨论的方面是质量。如果团队试图保持所有可变因素不变，包括日程、范围和预算（预算虽然很稳定却常常与现实不符），那么最终受损的就是质量。团队成员加班到很晚以达成不合理的期限，最终会因为过度疲劳做出很多错误。随着截止日期临近，他们会设法走捷径，摆脱绝望。

Edward Yourdon在他的著作《Death March》（Prentice Hall出版）中说，"这种项目里公司的目标是克服所有不可思议的难关，创造奇迹，而项目经理和团队成员的个人目标仅仅是维持基本的生存：有一份工作、与妻子和孩子维持表面的婚姻、不要得心脏病或奔溃。"

这种情况下，因为团队成员疲命于修复前次交付内容的质量问题，导致当前工作中产生制造缺陷、软件和硬件的bug、评分低下的服务质量问题、产品退货、二次购买或续约失败，并且会延误下次产品设计蓝图的交付。

软件团队有时会积攒一些质量问题，但是这些"技术债务"会降低开发速度，并且积攒到一定程度会严重妨碍继续推进产品设计蓝图。

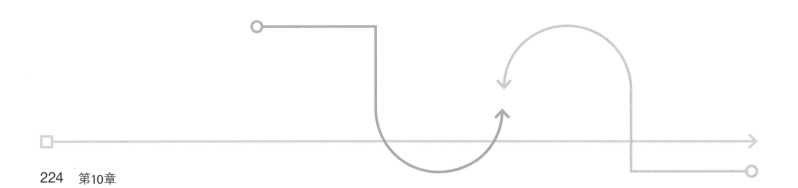

# 什么时候可以在质量问题上妥协

**我们可以在质量问题上妥协吗？很意外的是，可以。**

如果得知过段时间你的产品将拥有数百万的用户，伴随着最小限度的变更和改进，那么最好提前投资建立能够支持这个规模的基础。在制造业界，我们根据一段时间内所需生产数量的预测，开发工具支持一定程度的产能和生命周期。对于软件开发，我们规划好数据库和应用程序层，以应对预期的多用户同时访的负荷。如果产品数量或用户量预期会有上百万，那么提前投入资源支持这个规模还是很有必要的。实际上，省略这种投资是不负责任的。一旦用户数量上涨，你就无法满足需要，甚至可能永远无法满足。

但是如果是全新的、前所未有的产品或服务，导致无法做出现实的要求规划呢？如果产品使用的是超前的尖端技术，很大可能性初版会遭遇失败，你需要很快用更好的产品取代呢？如果可能需要重复几次才能在产品功能和市场需求间找到理想的定位呢？

这是大多数高科技创业公司都会遭遇的境况，也正是因为这个原因精简型创业公司都倡导创建最小可行产品（MVP），正如Eric Ries的著作《The Lean Startup》（Crown Business出版）中所定义的："初版的新产品可以让团队用最小的代价收集最多关于客户的已经验证的信息。"

Ries鼓励大家在了解信息的过程中要保持谦虚，他说，"凡是成功的创业公司，都在资源耗尽前经历了足够多的迭代重复。"努力把初版的产品做成最好的、最具有可扩展性的、最有用的、最优雅的，这简直是种浪费。更糟糕的是，本来你可以尽快把产品组织起来给客户过目，从他们那里得到反馈，并做出改善，但这样一来所有的进度就都减慢了。一旦取得成功，你可以再回过头去重新进行实验，定义质量和规模需求。

你可以根据业务中最重要的因素选择铁三角中的四个变量进行组合。如果面对重要的截止日期，如果不能严守这个期限，公司的业务可能面临严重的后果，那么你就不得不在范围、预算或质量方面想办法了。但是如果范围占据首要地位，那么你可以看看日程或其他变量。即便做不到面面俱到，你也可以选择最需要关注的目标，然后在最无关紧要的地方妥协让步。

## 特殊要求

创建产品设计蓝图经常面临的另一个挑战是"增添"或修改某个功能、甚至为某个"特殊"的客户或伙伴定制版本等的要求。这种要求往往来自销售。他们会拜托你说，"就加这一个小小的功能，我们就能拿下这笔大单，完成这个季度的销售任务。"

无论何时发生这样的要求，如果假定可以调整产品设计蓝图，那我们建议你问以下三个问题：

### 1. 这个要求在试图解决什么问题？

这个问题可以帮助你通过某个特定的要求找到客户的真正需求。销售（甚至对方公司的采购部门）往往不知道为什么提出这样的要求。作为产品经理人，你必须了解为什么这个要求很重要，为什么这个要求是销售的制胜因素。

在找到根本原因之前，你可能需要问很多次为什么。往往具体的功能要求只是某个人认定的潜在问题的最佳解决方案。

你需要找到那个关键人，评估他们是否在你的目标市场内。你需要掌握真正的问题，并和团队商讨解决方案，然后从几个方面选择最佳解决方案，其中包括：对产品设计蓝图的影响最小；可以更好地服务原本的请求者；以及尽可能地适用于全体客户。

### 2. 这个要求是否与我们的目标相符？

这个问题可以让你辨别出该要求仅仅提供附加价值，还是对你设定的目标（你花费了很大精力设定并得到利益关系人支持的目标）有所贡献。如果整个公司在集中精力突破新市场，又怎么可以花精力去为饱和市场创建功能，而导致整体进度减慢呢？

### 3. 这个要求是否比产品设计蓝图上的内容更重要？

这个问题需要讨论权衡利弊。尽管利益关系人经常有意无意地的忘记这一点，铁三角表明如果加入一些东西，那么就意味着要舍弃其他东西（或延迟或追加资源）。很多时候用特殊的请求取代产品设计蓝图上现有的工作项并不是明智之举，但是有的时候也是可以的。请参照第七章评估功能间优先级的方法。

正如我们在前几章提到的，对利益关系人做出妥协往往是在给计划制造困难。不知为何，每个人在提出要求时，常常误以为向严峻的日程计划追加更多的工作，会更加鼓舞团队的士气。

但是，扩大范围无疑会影响到铁三角中的一个或多个变量。如果你同意扩大范围，那么最好马上决定哪个变量可以为此而妥协。不当场选择就意味着问题迟早会找上门。

最简单的办法就是把计划内的一些东西换出去，这样可以避免范围的扩张，并保证其他变量不受影响。但这种方法适合于产品设计蓝图只包含主题的情况（请参见第5章）。主题描述了受益，但不涉及具体的功能，你有足够的灵活性，可以舍弃部分特定的功能，从而应对突发的请求。

## 外部压力

棋类等游戏之所以可以成为比赛，是因为这些游戏中你无法准确预测对手的行为。业务竞争对手也一样。你可以理性的猜测他们会对市场中的动向做出怎样的回应，但是你永远无法确保万无一失。

类似地，你也无法准确地预测经济的盛衰，什么时候通货膨胀，什么时候通货紧缩，什么时候新的规格会出现，而什么时候潮流会改变、朝什么方向改变。分析师们花费了很多精力，试图预测这些事情，但是连他们自己都觉得不可能。你必须有理有据地预测未来世界（至少你所处的市场）的情况，才能设定方向，同时也必须做好计划应对预测错误。

这些不可预见的市场变化会在某个时间点上影响到你的战略，并因此影响你的产品设计蓝图，而且它们不会整齐地按照季度等日程计划规律地发生。那么产品经理人应该做些什么？我们需要回应市场的变化，并调整产品设计蓝图。

你可能会说，你有愿景，并且打算无论如何都坚持做下去。只要是实实在在地为愿意花钱购买产品的用户解决真正的问题，那么你就应该继续坚持，但是如果根据天气或交通状况准确地调整航向，那么你就可以更快地前进，并且承担更小的风险。

## 战略上的变化

即便如此，在许多业务的生命周期中，有时你会意识到战略和目标有误。这时你需要调整业务方向。Eric Ries在《精益创业》中说，"保持愿景不变，调整战略。"

举个例子，1980年因特尔主流的内存芯片业务遭受来自日本厂商的涨价压力。Andy Grove和继他之后的CEO Gordon Moore审视了他们在这项业务内的发展后，意识到他们的前景一片渺茫，于是他们决定进行战略性的转移，开始转战微处理器。他们完全退出了内存业务，重新将他们的战略转移到了更好的市场，并最终建立了全世界盈利最高的公司。

当时的因特尔已经是大公司了，而像这样的战略调整在创业小公司更加普遍。Union Square Ventures的Fred Wilson说，在他的26家集团公司中，其中有17家"在业务的投资和退出之间，或多或少地经历过转型"。这可是65%的比例啊!

我们这里强调的结果，不是希望你定期地为战略转变而审核产品设计蓝图，而是说有必要进行转变的时候，从产品愿景开始，自上而下重新审核，搞清楚什么东西改变了，什么依旧保持原样，以及为什么这些转变是必要的。

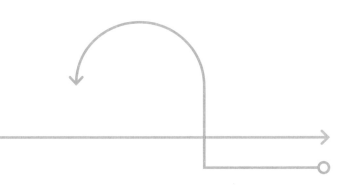

# 变更的沟通

无论是定期的产品设计蓝图变更，还是对外部力量带来的预期之外的变更做出的回应，产品设计蓝图发生变更时，你必须清楚地向每个人宣布产品设计蓝图变更的原因、内容和时间，这对工作的成功至关重要。如果你们都在同一个地点淘金，那么每个人都需要最新的藏宝图，对吧？

## 原因

变更的起因是产品设计蓝图变更中最重要的部分，但是这部分信息往往被忽略。人们在谈及变更的必要性时，常常觉得很尴尬，他们企图避免有人怀疑或提出异议。但是团队搞不清楚原因更糟糕，这可能瓦解他们对战略和领导的信心，他们还会妄加猜测（他们绝对不会往好的方面想）。

不要害怕讨论变更。大胆接受，向所有人坦白。我们希望你圆滑地行事，从头开始创建一个大家都能接受的产品设计蓝图（请参照第8章如何与利益关系人沟通）。

无论变更的原动力是什么，你讨论的重点必须是如何改变，交代新形势，向大家说明产品设计蓝图的变更是为了给公司、客户以及所有利益关系人带来更好的未来。

简单的做法是回顾原有（或最近）产品设计蓝图中提出的愿景、战略和目标。一般情况下，愿景不会改变，战略也不会变。但有些目标可能已经实现，有些可能太过于宏大，或者只是不再切题。

假设原本打入新市场的目标已经实现。你已经和100个客户签约，合同成交率非常高，而且从这些新客户收集到的反馈中，你发现了一些他们很盼望和很需要的缺失功能。这种情况下，合理的选择是将打入市场的目标替换成发展业务，或者增加续约或重购率。这样的变化只是让产品设计蓝图重新关注那些缺失的功能。这个变更不好吗？很好啊，它表明了我们的进步，值得庆贺！

相反，如果突破新市场的目标很明显还没有实现。也许你已经卖掉了一些产品，但是客户似乎不怎么高兴。也许你的分析显示市场上同类的产品更便宜并且性能更好。你试了试水，发现底下暗潮涌动、深不可测。那么接下来该干什么？

你需要根据愿景和战略做相应的调整。如果市场是愿景的关键环节，你的首战发现了一些通往成功的新主题，那么可能需要把这些主题添加到产品设计蓝图。但是，如果你意识到战略可能要在市场中遭遇失败，那么你就应该向因特尔的Andy Grove学习，及时调整战略，才能达成愿景。或许你能找到更好的相邻市场，或专攻新市场的某个环境，拥有的独一无二的解决方案才能带来丰厚的回报。

你拥有的资源有限，如果发觉目前的方法不能最有效地利用团队的时间和工作，那么就需要让团队重新朝着最大的成功方向努力。告诉团队变更的前因后果，可以鼓舞他们摆脱旧战略，努力向前。

## 内容和时间

如果你为变更做好了准备，那么利益关系人会迫不及待地想了解具体情况。他们想知道战略或优先级的转换对设定的交付有怎样的影响。

有些变更很小，比如说，在下次发行或下个版本中添加或删除某个副主题，或者延期一周。这类的变更不必影响到产品设计蓝图。但是会影响到发行计划或项目计划。

变更涉及的范围有可能很广，比如说，把一个计划好的主题推迟到明年，作为下期工作的重点，或删除对成功不再重要的主题。

当公司或产品转战全新的战略时，你有可能需要进行一次彻底的变更。在这种情况下，产品设计蓝图可能需要变更或替换所有的主题、副主题和功能。

变更范围很广或很彻底的时候，需要更新产品设计蓝图，通知所有的利益关系人，并取得他们的认可,如果通读了本书，那么你应该知道该怎么做。

# 产品设计蓝图变更

如果说产品设计蓝图是一种故事，向利益关系人讲述如何能取得成功的故事，那么涉及广泛或彻底的产品设计蓝图变更则是另外一种故事，讲述你如何掌握信息，以及发现需要改变方向。

假设现在自产品设计蓝图制作完成已经快6个月了，情况发生了些许改变。坚实耐用的袋熊软管的开发和制作按日程计划进行，但是很显然40尺的产品在处理漏水问题时遇到了困难。

让我们回顾一下设想的花园软管公司现有的产品设计蓝图。它主要由这样几个部分组成：

- 产品愿景：通过完美地灌溉塑造完美的草坪和庭院景观。

- 业务目标：销售100万件、退货率<5%、缺陷率<2%、平均销售单价翻番（ASP）。

- 时间表：2017年上半年、2017年下半年、2018年和2019年。

- 主题：产品设计蓝图的主题是完美的灌溉系统，其中

包含在3年内交付7个主题，在接下来6个月内需要交付支持第一个主题的3个功能。

- 免责声明。

在做了市场分析后，你了解到"无漏水接口"要比第二个功能"更长型号"更为重要。因此你决定此次仅交付20尺型号，并将40尺型号推迟到来年计划中"加长尺寸"的主题，与计划的80尺型号一起开发。

但是这属于功能级别的变更，而你在肥料输送方面发现的战略机遇更为重要。几个早期的测试客户发现你的软管比大多数肥料输送软管都好用。很显然在喷洒溶解的固体时，袋熊管子结实耐用的结构不会像廉价的管子一样堵塞。研究还发现用户普遍对这个领域的竞争对手的产品不满，因此对有效解决方案的要求非常强烈。

忽然间，这个本来为几年后计划的主题似乎更能在目标市场提供得天独厚的优势。你需要做市场调查和业务计划。你需要和开发团队以及制造厂商商量时间线。你在利益关系人间不停穿梭忙碌，与大家交流这个机遇和产品设计蓝

图的重大变更。你甚至需要把战略上可能发生的变更呈给董事会过目。

最终，你决定把"肥料输送"从2019年挪到2017年下半年来。还与董事会达成协议，如果能突破一定的销售额，你可以把产品愿景调整为，"通过完美的养分输送打造完美的庭院景观"，并为此开发新的主题。

图10-4~图10-9演示了怎样为董事局召开的季度产品设计蓝图审核大会准备幻灯片资料（展示产品设计蓝图的具体细节请参照第9章）。

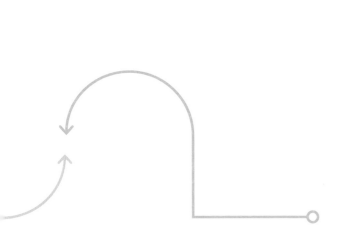

图10-4

通过展示与上个季度相同的幻灯片提醒观众公司的愿景没有变化

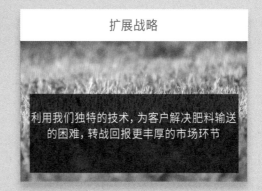

图10-5

描述发展肥料输送业务的机遇，并阐述变更的根本理由，表明为什么这次变更对客户和公司双方均有益

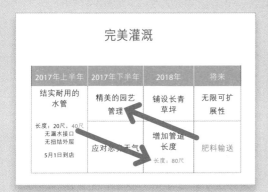

图10-6

用图形描述主题以及具体主题的变更，通过颜色、箭头、弹出框、以及其他必要的手段在产品设计蓝图上清楚的标注变更点

图10-7

展示没有任何标记的产品设计蓝图的升级版本；这个新版本将与审核大会之外的人员分享（请注意左下角的日期）

图10-8

利用图表、照片或图样让产品设计蓝图上新晋的工作项更加真实

图10-9

展示制定的新战略，这一战略将影响到肥料输送主题的成败，若非有必要，不要在产品设计蓝图审核会议之外与高管分享这个战略

# 命运的三叉路口

我们设想的软管公司的情况不是非常独特和真实。许多公司，尤其是创业公司在面对战略选择的三叉路口时，必须回答下面几个问题：

在讨论如何增加收入时，我们是否应该通过占领低端市场，增加小型客户的数量，还是应该进一步细分市场，以维持在高端客户群中的高价？

我们应该追求一个理想却未经证实的技术？还是应该关注降低单位成本？

我们应该侧重于渠道合作伙伴？还是应该直接销售？

成功的公司不会时刻追求收入，他们会在一段时间内仅关注一个机遇，但是会留出余地以便在将来情况允许时做调整或扩张。

花园软管公司在纸上尝试了多种方案，最终他们找到了一个最佳选择，所以产品设计蓝图需要反映出这个决定。但是，风险无处不在，有时会有多个引人注目的备选项。

摆脱这种情况的一种方法是测试项目中的假设。如果1号路径是正确的，那么你应该能在这条路上的某点看到成功的希望。如果可以在产品设计蓝图中合并所有的临界值（请参照第4章关于关键结果的讨论），产品设计蓝图需要实现的特定性能指数，那就可以在计划中建立可选择性和决定标准。

以花园软管公司为例，产品设计蓝图可以建立一条路径，假设肥料输送是公司的巨大成功。同时建立另一条路径，假设肥料输送只是根据特殊需求建立的众多主题中的一个（见图10-10）。最终需要根据肥料输送第一版产品的业绩，决定选择哪条路。

这个决定对公司的方向有深厚的影响，所以除了产品设计蓝图本身的图形化表达方式之外，你需要提供额外的信息说明做出此决定的依据（见图10-11）。如果你打算从A点走到B点，并且决定乘船，那么不可能在乘船的途中，突然决定你还是想坐车。你必须等船到岸了，才能打车，所以这类的信息可以让团队预见如何计划将来的产品，而这有可能会影响到近期的开发。

你可以在利益关系人认可的会议上，展示这些额外的信息（请参照第8章认可会议和第9章如何展示和分享）。

图10-10 最终花园软管公司需要根据肥料输送第一版产品的业绩,决定选择哪条路

## 营养战略决策

如果肥料输送想成为核心战略,那么必须满足以下几个条件:

- 成为50%用户购买产品的首要或次要原因

- 第四季度销售额超过恶劣天气应对版的50%

- 在比赛活动中的评分不能低于4分(总分5分)

图10-11 关于推荐新业务目标背后的决策依据

## → 计划、实绩、改进

无论按照何种流程创建第一版产品设计蓝图,之后都
必须根据市场的变化节奏定期地回顾。

然而后续的改编需要深入到什么程度,则需要根据上
个版本的情况变化而决定。

- 无论何时回顾产品设计蓝图,我们都建议你重温第八
  章的内容,帮助你确保顺利地赢得大家的认可,并保
  证信息透明。如果是轻微的变更,那么完成这些就足
  够了。

- 如果产品愿景并没有改变,但是需要根据市场变化重
  新进行优先级的排序,那么我们建议你重温第7章的
  内容,确保这些变更有理有据。

- 如果已经在解决客户和公司的需求方面取得了很大进
  展,而现在需要转战全新的功能领域,那么你可能需
  要重温第6章的内容,确保可以提供真正的价值。

- 如果客户或公司的需求发生了改变,或者需要服务新
  型的客户,那么你可能需要重温第5章的内容,确保
  找到了最重要的主题。

- 如果公司的愿景、战略或关键目标发生了变化,那么
  你可能需要返回到第3章,从根本上重新考虑产品设
  计蓝图。

你看看,变化涉及的内容越深,你需要重温的本书的内容
就越多。

随着环境变化而发展。

# 小结

*每个人都有自己的计划，直到遭遇碰壁。*

—— Mike Tyson

无论怎么计划，变化都是不可避免的。本书中介绍的内容无法帮助你开发出不受变化影响的计划，但是可以帮助你创建一个随着环境变化而发展的计划。

建立定期的流程，重新审核产品设计蓝图，并与利益关系人交流变更的原因、内容和时间。

面对必要的变化导致需要定期更新产品设计蓝图时，首先评价变化涉及的深度，然后根据需要重温本书的相关章节，并重复相应的流程。

最后一章，我们将概括本书中所讲述的内容，并介绍一些小技巧。

# 第11章
# 在公司内重建产品设计蓝图

本章中，我们将学习：

如何评价公司的产品设计蓝图的"健康状况"。

调整方向还是重新来过。

# 11

## 在公司内重建产品设计蓝图

如果已经通读本书，那么可能与其他产品经理人一样，你已经对传统的产品设计蓝图流程彻底失望了。

你的公司可能做了很多无用功努力预测不可预测的未来，又或者你的团队已经放弃了产品设计蓝图，只是逐个去完成sprint或者客户的需求。

但是本书读到这里，你了解到产品设计蓝图不仅仅是一个写满了功能和日期，却无法实现的愿望列表。从Slack-Contactually、特斯拉、Chef等许多公司的例子中你可以看到，他们公开交流产品愿景、并清晰地展示如何通过解决市场问题实现这些愿景以及业务目标。

纵观本书，我们向你展示了公司可以这样使用产品设计蓝图：

- 在战略背景的前提下建立公司的计划。

- 集中精力向客户和公司交付价值。

- 在产品开发过程中积极地学习。

- 在公司内部划定工作优先级顺序，并取得一致认可。

- 利用产品的方向吸引客户的注意力。

同时，我们展示了公司应当如何避免以下各种情况：

- 不要妄加承诺团队可能无法交付的内容。

- 不要在前期设计和工时预估上浪费精力。

- 不要把产品设计蓝图与项目计划或发行计划混为一谈。

# 从哪里开始

我们建议通过以下六个步骤开始在公司内重建产品设计蓝图：

1. 评估现状，选择合适的方法。

2. 确认关键利益关系人对此次调整的支持。

3. 引导利益关系人贡献他们的力量。

4. 从小的工作着手，循序渐进。

5. 评价结果，商议下一步。

6. 持续开展重建工作。

## 第一步：评估现状

在提出解决方案之前，你需要找到问题所在。听起来是不是很耳熟？这与公司的改组是相同的。在决定从哪里开始重建产品设计蓝图之前，你需要评估现有的流程（或者你们甚至没有产品设计蓝图）。

我们建议你从回答下面的14个问题开始（见表11-1）。如果你不确定检验标准的话，请参照相应的章节。

满分是22分。如果你的得分等于或高于18分，那么恭喜你，你拥有完善的产品设计蓝图制作流程。可以通过232页描述的方法A，调整并加强你的流程。如果得分等于或高于12分，那说明你的状况还不错。可以采用方法A，但是请注意你有许多可以改进的地方，需要花一定的时间才能建立世界一流的流程。如果你的得分只有11分或更低，那么说明要么你压根没有流程，或者现有的流程不堪入目，需要重新设置基准。这种情况下，请采用方法B。

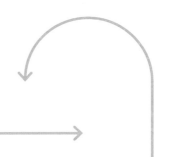

# 产品设计蓝图健康状况测评表

表11-1
回答下面的问题，并打分，可以帮助你决定如何开始重建产品设计蓝图　　　　　　　　　　　　　　　　　　　　　得分

| 战略背景 | 你是否有清晰的产品愿景，且大多数利益关系人可以做出讲解？（第4章） | + |
|---|---|---|
| | 你是否建立了可度量的业务目标，且大多数利益关系人都知情？（第4章） | + |
| 关注价值 | 你的产品设计蓝图是否关注客户的需求？（第5章） | + |
| | 产品设计蓝图上所有工作项都与客户的需求或业务目标紧密相关？（第2章） | + |
| 积极学习 | 你是否定期更新产品设计蓝图，并建立了改进流程？（第10章） | + |
| | 你是否在产品设计蓝图中预留了时间，可以在承诺解决客户需求前，分析解决方案是否可行？（第2章） | + |
| 在公司内建立工作优先级并达成一致 | 你是否使用客观的优先级排序的方法？（第7章） | + |
| | 你是否建立了与利益关系人达成一致的流程（第8章） | + |
| | 你是否定期与关键利益关系人分享产品设计蓝图？（第9章） | + |
| 吸引客户的注意力 | 你是否定期向客户展示和分享产品设计蓝图？（第9章） | + |
| | 你是否向客户征求产品设计蓝图的反馈，并运用到流程中？（第8章） | + |
| 避免过度承诺* | 你是否在产品设计蓝图中记载了具体功能、解决方案、修改方案或其他交付物？（第6章） | - |
| | 你是否在产品设计蓝图中标明了精确的或"最佳情况下"的期限？（第9章） | - |
| 避免过度设计或过度计划* | 你是否在产品设计蓝图记录客户需求或问题前，已经粗略设计了解决方案？（第5章） | - |
| | 你是否在产品设计蓝图中加入了项目信息，比如资源、里程碑和依赖？（第9章） | - |

\* 减分项。　　　　　　　　　　　　　　　　　　　　　　　　　　　　　　　　　　　　　　　合计：

## 方法A：调整方向

如果你拥有很好的流程，感觉可以改进，那说明你的状况良好。通过上述的问题找到最有希望的提升机遇，使用第7章（这种情况可以使用关键路径）中描述的方法进行优先级排序，然后每次集中改善一个环节。

如果你的流程其实并不好用，但是通过一定的努力还可以挽回，那么方法也是一样的。不要试图一次性改正所有的问题。利用上述的问题找到流程中最糟糕或缺失的部分，按照优先级顺序，每次集中改善一个。你可能很想一次性改正很多东西，但是如果最基本的流程工作良好，那么集中注意力干好一件事情可以让你加快进展。

## 方法B：重建

如果目前你并没有流程可以挽救和改进，那么可以重新建立一个。这种情况下，我们推荐你从本书的开头开始，按照本书描述的步骤逐步推进，从第3章的收集信息开始，一直到第10章持续更新。

但是，这个工作量非常大，即便是有经验的团队，也需要花费几个月的时间才能建立满意的产品设计蓝图制作以及更新流程。我们发现一个很有效地重建产品设计蓝图的流程是：开展产品设计蓝图研讨会。与设计Sprint非常类似，产品设计蓝图研讨会可以召集公司内关键利益关系人，共同合作，定义产品愿景、目标、客户需求、以及产品设计蓝图的其他方面。我们非常推荐本书的作者之一C. Todd Lombardo的著作《Design Sprint》（O'Reilly出版）。你可以集中一段时间，通常是几天，去创建初版的产品设计蓝图，以及商讨接下来的步骤，比如客户的验证和重新编制的频率等。

专业的指导对跨部门的工作非常有帮助，因为他们完全保持中立，不会偏向任何部门或职能单位。他们还会提供成熟的框架，以及之前工作中积累的各种经验。但是，如果你通读了本书，或许你已经是公司中最好的专家了！

## 第二步：取得关键利益关系人对此次变更的支持

无论决定改善现有的流程，还是重新做，你都要做出改变，而变更需要得到大家的认可。你不可能强制改变流程，并希望其他部门的人毫无怨言地遵从。请回顾第8章我们讨论的赢得认可和达成一致的技巧，比如穿梭外交和合作研讨会，让利益关系人参与到改进流程中来。

接下来，你可以分享产品设计蓝图健康状况评测的结果，甚至可以邀请利益关系人一起参与评测，让每个人都回答上述测评表中的问题，然后比对大家的答案。

记住你要寻求的是大方向的一致，不一定非要纠结细节上的意见统一，他们可能对流程有哪些不健全的方面，或哪个环节最需要关注有不同的意见。这都没关系。只要他们认同改变势在必行，那么可能大家更愿意把具体的处理方法交给你。

## 第三步：引导利益关系人在此次变更中贡献自己的力量

请记住，对很多习惯于传统产品设计蓝图的人来说，这是个全新的方法。了解他们（比如了解他们可能希望的功能和期限方面的承诺）可以帮助你解释这次的产品设计蓝图有哪些不同、为什么、以及有哪些优势。

正如我们在第八章中的讨论，制作产品设计蓝图不是个人的诉求。每个利益关系人都必须做好份内的工作，并有义务贡献自己的力量。大多时候，你需要告诉他们如何配合。

你可以大胆的借用本书上的内容，参照之前总结的重建产品设计蓝图的原则，和各章节中列出的产品设计蓝图制作流程步骤。我们还在www.productroadmapping.com网站上建立了幻灯片的版面，记载了重建产品设计蓝图所需的所有信息。

## 第四步：从小的工作着手，循序渐进

寻找每次机会从小的工作着手，尽早展示改进工作的成功点。如果使用方法A调整现有的流程，那么一般来说，你可以选择需要关注的流程环节，并与利益关系人商讨需要做出哪些改进。设定几周内能实现的目标，比如采用第7章中介绍的优先级排序模型，或定义短期的业务目标。即便是很小的成功也可以让你迅速赢得支持，以便开展更进一步的改进。

如果你按照我们描述的方法B，重新建立产品设计蓝图制作流程，那么可以用其他方法限定工作范围。比如产品设计蓝图研讨会很全面，而且仅需要几天时间。你还可以在重建产品设计蓝图的时候，限定工作范围，直到对结果有自信再进行下一步。比如，你可以只组织第3章中提及的产品核心人员，包括产品经理、工程师和设计师，让他们参与产品设计蓝图的改进工作。然后慢慢地扩大利益关系人的圈子，与更多的人分享产品设计蓝图，并评价每次的反馈。

## 第五步：评价结果，并商议下一步

许多产品团队在发行了产品或功能后，都会有一段评估期。有时称作"发现"期，在这段期间内，他们可以了解发行的产品是否在客户和公司那里得到了预期的反应。内部开展这样的练习非常好。虽然你不需要为产品设计蓝图制作流程中的改变设置正式的业务目标，但是这个有效的方法可以定期的从利益关系人那里收集信息，审核你做出的更改，征集反馈，看看是否符合预期效果。这个方法还可以帮助你坚持到底，调整方向然后再试，或者退回原处再试另外一个方向。

如果你开展了跨部门的产品指导委员会，那么可以利用定期的会议审核进度，并商议下一步。如果没有，那么我们建议你开展定期的会议。这个委员会还可以审核产品的实际效果，并规划产品设计蓝图。每个人的情况可能不尽相同，但是委员会大多每3~6个星期召开一次会议。过于频繁会使效率低下，因为时间太短，看不出变更带来的效果。间隔太长会让委员会失去凝聚力，大家对信息的掌握程度也不一致了。确保委员会的人员了解你持续改进这个流程的打算。委员会应该帮助你找到一段时间内可以提高的环节和方法。面对困难迎面而上或绕开障碍是自然和预期的举措。关键点在于生态环境是动态的，你需要有信心随着环境的发展而发展和学习。

## 第六步：持续开展重建工作

你必须意识到改变对很多人以及公司来说件很难的事情。而公司间的合作更是难上加难。你不得不面对公司内部（甚至是团队内部）人员的阻力，他们没有认识到变更的必要性、或者他们感觉到变更对他们造成了威胁、或者有些人只是忙于其他事情。不要放弃。我们见过很多大小产品公司都经历过积极的变更。

## Gillian的产品设计蓝图变更的故事

从2014年到2016年中期，Gillian Daniel在smartShift Technologies领导产品管理。她的目标是带领公司进入可控的和可预测的发展模式，这需要重新定义他们的解决方案（结合科技和服务）、定位和信息。他们还创建了两个附加的产品。

为了设定此次变化的阶段，Gillian和执行团队合作定义了公司未来的愿景，要确定公司的定位，确定需要解决的问题，以及为谁解决问题。

事先有了清晰的愿景之后，她提出了具体的业务目标，也就是公司从产品开发工作中寻求的成果。这包括每个客户的收入和新市场的渗透状况。这些目标可以作为所有提议的产品或产品增强功能的评价标准。

为了管理这些流程，Gillian开发了一个计分卡，根据公司的每项业务目标，简单地对每个想法进行高-中-低的评分。然后她要求工程团队对每个想法进行快速的工时划分。在多个目标上获得最高积分、并需要最少工时的想法可以作为开发备选。

然而，这个计分卡并不是通过项目最终审批的标准。Gillian深深地感觉到，在关键利益关系人中间建立一致的管理计划远远比具体的功能或产品新想法重要得多。如果团队能够统一朝一个方向努力，那么他们能更快的前进，取得更大的成功。

所以她把这个计分卡作为框架，与高管层就工作优先级进行了一对一的讨论，遍历了各种情况，最终达成了一致的计划，这正是我们所谓的"穿梭外交"。

每个Gillian的产品经理负责为自己的产品或产品线发布产品设计蓝图。而这些产品设计蓝图必须以战略为中心，阐述产品建立的缘由，而无需过多涉及计划的功能细节。Gillian解释说，"背景信息非常有必要，确保每个团队成员掌握了正确的信息，在日常工作中遇到问题时，能够做出正确的决定。做不到这一点，他们就有可能交付错误的内容，因为计划或执行战略的战术永远无法完美地阐述所有细节。"

在这个计划执行了几个月后，公司在平均用户的收入上取得了巨大进展，验证了Gillian的方法。然而，由于服务客户的成本上升导致利润受挫。迫使Gillian和团队重新评价他们的目标，并添加了利润（寻求降低成本的方法）到计分卡。计分的结果影响到了工作优先级，产品设计蓝图也得到调整，适应新的方向。公司的利润增长又恢复了，除了已有的欧洲业务之外，美国客户基数和收入得到了迅速的增长。

Gillian的故事非常鼓舞人心。但是，请记住，你不可能一次性完成所有的事情，也无法在第一次尝试中就更正所有的问题。每次产品设计蓝图的制作终将伴随着反复修改。我们希望我们能够提供适合所有情况的一套产品设计蓝图模板，但是现实中只有你的产品设计蓝图最适合你的产品和公司。任何强行生搬硬套幻灯片模板或项目计划的尝试终将失败，但是你可以仿照上述我们列出的流程（那是我们认为普遍有效的方法），带领利益关系人建立循序渐进的流程。

# 后记

我们希望本书中描述的框架、技巧、和实例对你很实用，并能鼓舞你，希望你不仅可以在公司内重建产品设计蓝图，并且可以成功地通过你的产品缔造愿景所向往的美好世界。你可以看看参加我们开展的产品设计蓝图研讨会的学员写的信件，里面表达了重建产品设计蓝图流程后的喜悦。

但是，不要就此止步。想办法分享你学习到的知识，与此同时你也可以从别人身上学到更多知识；将欲取之，必先与之。我们鼓励你经常和其他产品专业人士沟通。学习其他公司的同行管理产品团队和产品设计蓝图流程的方法。他们遇到了怎样的阻力和障碍？他们是怎样解决的？他们的产品设计蓝图是什么状况，与你自己的有什么不同？他们的日常工作状况是怎样的？他们的利益关系是谁，他们是怎样做决定的？鼓励你自己多向他们学习，广泛的产品管理界的合作能够帮助我们所有人成长和提高。

最后一点忠告：多多关注你的市场或产业。不要贪图安逸，开阔你的眼界。如果你正在建立电子产品，那么和从事物理产品或服务业的产品经理人多多联系。如果你从事B2C的产品，那么看看B2B领域的人是如何运营的。花点时间了解他们所处的形式如何影响产品设计蓝图组成和流程。你可以借鉴他们的优点。

与此同时，我们的学习步伐也从未停止。我们建立了网站www.productroadmapping.com，并在上面持续分享我们学到的关于产品设计蓝图的新知识。如果你有问题、困难、想法、故事或工具，或者你想分享产品设计蓝图，我们希望你能访问这个网站，和我们一起不断学习。

—— Bruce、C. Todd、Evan、和Michael

向着成功进发!

亲爱的蓝图，

好开心可以和你一起走过这段旅程！

我希望我们可以一起做很多事情：

(1) 专注于PEGA擅长的事情。

(2) 利用真正的用户心理提高ERP的用户。

(3) 利用AI强化我们的产品。

我知道我们可以一起做伟大的事业！

—— JAMIE

亲爱的产品设计蓝图，♡

环顾四周，我的内心充满了喜悦。产品设计蓝图给了我方向感，让我掌握了前进的方向。

我渴望你拥有的一切，你给予我很多很多。给我点时间，让我感受胜利的喜悦。你可以填补我生命中的空白。请永远不要不理我！

♡ 你心爱的，
ADMIRER

亲爱的产品设计蓝图，

我多么希望自己能拥有你。你给我的指导和方向是我在Pega苦苦寻求了很久的东西。如果我可以掌握设计目标，那么我可以把设计做得更好。如果我提前知道需要花费的时间，那么我的设计流程会更加有效率。我希望有一天我能找到你。

— Chris

亲爱的蓝图，

有你在真是太好了。我们明白短期和长期内需要做什么，而且我们能够真的为团队准备好设计。而不会像今天这样一团糟！网络在线公司能够明白为什么我们正在做这些事情，以及应该什么时候做。我们还可以了解成本应该是多少。这简直太棒了！

如果我们能拥有你，产品设计蓝图……

Sincerely,
Stan

亲爱的产品设计蓝图，

知道我有多爱你吗？我爱你，因为：

(1) 你从视觉上展现了我们试图实现的产品愿景。

(2) 你清晰地演示了有价值解决的问题。

(3) 你告诉全公司产品团队在多么积极努力的工作。

(4) 你为利益关系人和团队做好了启动和准备计划。

(5) 你紧紧团结了产品、工程和设计师。